BERND KREWER

Rund um die Nachsuche

Bernd Krewer

Rund um die Nachsuche

Neumann-Neudamm

2., überarbeitete und erweiterte Auflage

ISBN 978-3-7888-1395-6

Hrsg.: Julius-Neumann-Stiftung / Deutsche Jagdbibliothek
Schwalbenweg 1, 34212 Melsungen
Tel. 05661-9262-0, Fax 05661-9262-20
www.neumann-neudamm.de
info@neumann-neudamm.de

Printed in the European Community
Satz und Layout: J. Neumann-Neudamm AG
Titelgestaltung: J. Neumann-Neudamm AG
Bildnachweis: Soweit nicht anders vermerkt, stammen alle Abbildungen aus dem Archiv des Verfassers. Zeichnungen von Manfred Fahle.
Druck & Verarbeitung: Gutenberg Riemann GmbH, Kassel

Inhaltsverzeichnis

Zum Geleit

Nun liegt die 2. Auflage „Rund um die Nachsuche“ von Bernd Krewer in der Reihe Neumann-Jagdpraxis vor. Es ist ein Zeichen dafür, dass dieses Wissen in Jägerkreisen verlangt und auch verwendet wird.

Eine Überarbeitung dieses Themas war schon deshalb notwendig, da sich seit dem ersten Erscheinen des Buches, die Jagdmethoden, die Höhe der Wildbestände und für die Nachsuche verwendete Technik verändert haben. Die großflächigen, revierübergreifenden Gesellschaftsjagden mit großen Wildbewegungen und deshalb steigenden Schwierigkeiten bei Nachsuchen, die fast verdoppelte Strecke an Schwarzwild in Deutschland in den vergangenen sieben Jahren und eine verblüffende Weiterentwicklung der Telemetrie zum Verfolgen und Auffinden des hetzenden Hundes, machten eine Ergänzung notwendig.

Es gibt kaum einen Autor zu diesem Thema, der so kompetent aus der eigenen Praxis berichten kann wie Bernd Krewer. Mich verbindet mit ihm ein halbes Jahrhundert Freundschaft und Gedankenaustausch über Hochwildjagd, Schweißhundzucht und gerecht durchgeführte Nachsuchen. Alles was er hier an Hilfen und kritischen Beurteilungen niedergeschrieben hat, ist von ihm selbst durch eigenes Tun erkannt und manchmal durch bittere Erfahrungen erworben. Sein umfassendes Wissen über Jagdhundrassen, deren Eigenschaften und sinnvolle Verwendung, das sind in Jahrzehnten gesammelte Erfahrungen, dürfte im deutschsprachigen Raum nur bei wenigen Hundeleuten in diesem

Umfang anzutreffen sein. Der unermüdliche Einsatz von Bernd Krewer für leistungsorientierte Zucht und praxisgerechte Führung des Nachsuchenhundes in seinem langen Jägerleben wurde dann auch vom Verein Hirschmann e.V. im Jahre 2009 durch die Verleihung der Ehrenmitgliedschaft gewürdigt.

Möge diese weitere Ausgabe zum Nachsuchenwesen, dem Hochwildjäger helfen, Nachsuchen zu vermeiden, wenn sie nötig werden, diese fachlich richtig vorzubereiten und mit dazu geeigneten Jagdhunden fachgerecht durchzuführen - zum Wohle unseres Wildes.

WILHELM PUCHMÜLLER
ehem. Zuchtwart und Ehrenmitglied
des Vereins Hirschmann e.V.

Vorwort

Im Jahre 1959 machte ich meine erste Nachsuche auf einen Hirsch mit der Hannoverschen Schweißhündin „Freya vom Abbenstein" in den damals noch mit Rotwild gesegneten Revieren des Trierer Hochwaldes. Im Jahre 2001 trug ich meine letzte Hannoversche Schweißhündin „Afra vom Mayener Hinterwald" zu Grabe. Dazwischen lagen zweiundvierzig Nachsuchenjahre mit insgesamt weit über 1000 Nachsucheneinsätzen auf Rot-, Schwarz- und gelegentlich Rehwild, von denen über 600 erfolgreich waren. Acht Hannoversche Schweißhunde, zwei Deutsche Jagdterrier und zwei Beagles erbrachten zusammen mit mir, aber eben doch als Hauptakteure, diese Nachsuchenstrecke.

Ich habe versucht, meine persönlichen Erfahrungen - von der Nachsuchenvermeidung bis zum erfolgreichen Abschluss, wenn der Schuss einmal nicht ins Leben gefahren ist - in diesem Buch in gedrängter Kürze zu verdichten. Es sind meine ganz persönlichen Erfahrungen und vielleicht nicht immer deckungsgleich mit denen anderer Autoren. Wer aber bereit ist, meinen Ratschlägen zu folgen, der wird sicher keine gravierenden Fehler machen - von der richtigen Kaliberwahl über das richtige Verhalten vor und nach dem Schuss bis hin zur Abführung seines eigenen Hundes für die Schweißarbeit. Auch als Begleiter eines Nachsuchenspezialisten wird er dann wissen, wie er sich verhalten sollte und was der Schweißhundführer von ihm erwartet.

Dem „Nachsuchenprofi“ werden also in diesem Buch gewiss keine neuen Erkenntnisse geboten, es ist eben weniger für ihn gedacht als für den ganz „normalen Jäger“.

Ich wünsche mir, dass mein Buch mithelfen möge, den Wert der gerechten Nachsuchenarbeit innerhalb der Jägerei im Interesse einer weidgerechten und damit natürlich auch tierschutzgerechten Jagd zu verbessern.

Kinderbeuern, im Januar 2003 BERND KREWER

Vorwort zur zweiten Auflage

Acht Jahre sind seit dem Erscheinen der Erstauflage dieses Nachsuchenbüchleins vergangen. Unsere Hunde haben sich in dieser Zeit nicht verändert, ebenso wenig das Bemühen der Jäger – jedenfalls der meisten – tierschutz- und damit waidgerecht zu jagen und krankes Wild schnellstmöglich von seinen Schmerzen und Leiden zu erlösen.

Warum also eine überarbeitete zweite Auflage und nicht einfach ein Nachdruck? Die technischen Hilfsmittel, die dem Hundeführer das Auffinden der geschnallten und außer Hörweite stellenden Hundes ermöglichen, haben sich gegenüber damals entscheidend verbessert. Dem hat René Wiese, ausgewiesener Fachmann auf diesem Gebiet und erfolgreicher Schweißhundführer, in einem eigenen Kapitel Rechnung getragen. Und auch dort, wo sich durch Novellierungen von Landesjagdgesetzen die möglichen Konfliktsituationen bei revierübergreifenden Nachsuchen geändert haben, hat der damalige Autor Dr. jur. Peter Lamp in seine Texte aus dem Jahre 2003 korrigierend eingegriffen. Und da das Bessere des Guten Feind ist, hat Alexander Kelle aussagekräftigere Fotos zur Verfügung gestellt, die einige der „alten“ Fotos ersetzt haben. Allen diesen „Mitstreitern“ bin ich sehr dankbar. Besonders auch meinem Freund und Schweißhundführerkollegen Wilhelm Puchmüller für sein Geleitwort zu dieser zweiten Auflage.

Kinderbeuern, im Rehbockmond des Jahres 2011

BERND KREWER

Nachsuche – Weidgerechtes Jagen – Tierschutz

Die Nachsuche umfasst alle Bemühungen des Jägers, die Schmerzen und Leiden von krankgeschossenem oder durch Verkehrseinwirkung verletztem Wild mithilfe eines dafür brauchbaren Jagdhundes so schnell wie irgendwie möglich zu beenden.

Es spricht für die große Mehrheit der Jäger, dass die erfolgreichen Schweißhund- beziehungsweise Nachsuchenführer innerhalb der Jägerei durchweg einen großen Bekanntheitsgrad haben und eine ebenso umfassende Anerkennung ihrer Arbeit erfahren. Sie tun dies freiwillig, und nur der Jäger, der des Öfteren einem Schweißhundführer durch dick und dünn gefolgt ist, kann ermessen, welche Strapazen dieser auf sich nimmt, um das kranke Wild von seinen Schmerzen zu erlösen.

Die gerechte Nachsuche ist ein fundamentaler Bestandteil des Begriffs „Weidgerechtigkeit“. Wenn wir unter diesem nirgendwo klar definierten Begriff die Summe aller unserer Verhaltens- und Umgangsnormen mit und gegenüber dem Wild verstehen, dann wird deutlich, welch hohen Stellenwert die gerechte Nachsuche auf krankgeschossenes oder sonst wie verletztes Wild haben muss. Solange die Mehrheit der Jäger mit dem Herzen und nicht nur mit dem Zeigefinger jagt, wird es vorkommen, dass der Schuss nicht dort sitzt, wo er hätte sitzen sollen. Der Anblick einer begehrenswerten Trophäe oder einfach nur der innere Zwiespalt und das Bewusstsein, mit einem Schuss ein Leben auszulöschen, lässt gelegentlich den Herzschlag in den Zeigefinger springen, und dann trifft die Kugel den Wildkörper eben nicht an einer unmittelbar tödlichen Stelle. Da wir Menschen allein mit unseren stumpf gewordenen Sinnen in einer solchen Situation nicht weiterkommen, müssen der brauchbare Nachsuchenhund und sein erfahrener Führer her, um diesen Fehler so schnell wie möglich auszubügeln.

Die Zahl der Wildunfälle auf Deutschlands schnellen Straßen ist sehr groß. Meist überlebt das Wild den Zusammenprall mit einem Auto oder Motorrad nicht, oft aber kann es zunächst noch – meist mit erheblichen inneren Verletzungen – flüchten, um dann später elend irgendwo zu verenden. Auch nach solchen Verkehrsunfällen mit Wildbeteiligung kann nur ein erfahrener Nachsuchenhund solches Wild vor einem schlimmen Ludertod bewahren.

Der organisierte Tierschutz ist den Jägern nicht wohl gesinnt. Die oft mehr von Ideologie als von tatsächlichen Fakten dominierte Seelenlage der meisten Tierschützer lässt vielfach eine sachliche Auseinandersetzung nicht (mehr) zu. Die Diskussionen um die Jagdhund-Ausbildungsmethoden mit „lebender Ente" und „Schliefenfuchs" verdeutlichen beispielhaft, was ich meine. Die Nachsuchenarbeit allerdings ist zwischen Tierschutz und Jägerei kein Streitthema. Dies mag auch daran liegen, dass bei der Einarbeitung der Hunde in die Aufgabe Nachsuche keine lebenden Tiere involviert sind, sondern mit Teilen bereits längst toter

Die Stärke und Gefährlichkeit einer von den Hunden gestellten kranken Sau ist oft nur schwer einzuschätzen. Hier war der schnelle Fangschuss durchaus angebracht ...

Wildtiere gearbeitet wird (Schweiß und/oder Schalen). Der Tierschutz hat in unserem Lande seit Mai 2002 Verfassungsrang. Das sollte uns dazu bringen, Teile unserer Jagdpraktiken vielleicht neu zu überdenken und uns selbst stärker für die berechtigten Anliegen des Tierschutzes zu sensibilisieren. Die gerechte Nachsuche auf krankes Wild gehört zu den berechtigten Anliegen des Tierschutzes, und ich denke, auf diesem Felde werden wir ihnen schon heute gerecht.

In Deutschland werden jährlich etwa 1.100.000 Rehe erlegt, von denen nach meinen persönlichen Erfahrungen etwa fünf Prozent, das sind 55.000, nachgesucht werden müssen. Hierin sind auch die Verkehrsopfer enthalten.

... auch wenn sich hinterher herausstellte, dass die kranke Sau „nur" ein stärkerer Frischling war, der durch die aufgestellten Kammborsten weit stärker aussah (Fotos: Bernd Krewer).

Die Strecke der übrigen wiederkäuenden Hochwildarten beträgt rund 135.000 Stücke. Von diesen kommen etwa sieben Prozent = rd. 10.000 Stücke nur mithilfe eines erfahrenen Nachsuchenhundes zur Strecke.

Die Schwarzwildstrecke liegt im Mittel der letzten Jahre bei etwa 500.000 Sauen. Aufgrund der Besonderheiten dieser Wildart (Mondscheinjagd und großer Streckenanteil der Bewegungsjagden) liegt der Anteil der nachzusuchenden Stücke bei etwa zwölf bis fünfzehn Prozent, das sind demnach etwa 70.000 Sauen!

Somit sind in Deutschlands Revieren alljährlich etwa 135.000 Stücke Schalenwild mit brauchbaren Jagdhunden nachzusuchen.

In unserem Land stehen derzeit (Jahr 2011) im Einsatz:

- ca. 500 Hannoversche Schweißhunde mit Papieren des Vereins Hirschmann und
- ca. 700 Bayerische Gebirgsschweißhunde mit Ahnentafeln des Klubs für Bayerische Gebirgsschweißhunde

Daneben werden gewiss auch Vertreter dieser beiden „klassischen" Schweißhundrassen ohne Papiere oder mit Ahnentafeln nicht anerkannter Schweißhundzuchtvereine bei Nachsuchen eingesetzt.

Alpenländische Dachsbracken – als dritte offiziell anerkannte „Schweißhundrasse" – treffen wir als Nachsuchenspezialisten ebenso häufig in unseren Revieren an wie Vertreter der übrigen österreichischen (und deutschen) Brackenschläge.

Im langjährigen Mittel werden alljährlich etwa 500 Jagdhunde auf den Verbandsschweißprüfungen (VSwP) des Jagdgebrauchshundverbandes erfolgreich geführt. Wenn wir einen durchschnittlich erreichbaren Einsatzzeitraum von acht Jahren unterstellen, dann haben wir demnach etwa 4.000 erfolgreiche VSwP-Absolventen in unseren Revieren.

Somit entfallen auf jeden „schweißgeprüften" Jagdgebrauchshund etwa 26 Nachsuchen auf Schalenwild pro Jahr.

Diese mathematisch hergeleiteten 26 Nachsuchen pro Hund verringern sich allerdings noch durch die vielen

Auch ein solcher Winzling mit Vorderlaufschuss muss nach unserem Verständnis und unserer Interpretation des Begriffs „Tierschutz" ebenso gerecht nachgesucht werden wie …

... ein starker Keiler (Fotos: Bernd Krewer).

Jagdgebrauchshunde, die „nur" die Schweißarbeit bei den Gebrauchsprüfungen nachweisen können oder gar nur den Hauptschulabschluss „Brauchbarkeitsprüfung" bestanden haben und dennoch auf den Wundfährten eingesetzt werden.

Statistiken haben es so an sich, dass man mit ihnen alles und nichts belegen kann. Viele auf die Schweißarbeit spezialisierte Jagdgebrauchshunde, insbesondere die Vertreter der beiden klassischen Schweißhundrassen, absolvieren im Jahr ein Vielfaches der vorhin hergeleiteten 25 Suchen. Und mancher hochdekorierte VSwP-Absolvent sieht nach der Preisverteilung nie wieder den Wald! Er könnte ja Schaden nehmen und wird für die Zucht aufgrund seiner Leistungszeichen doch so dringend gebraucht ...

Dennoch: Von den reinen Zahlen her hätten wir genügend geprüfte Nachsuchenhunde in unseren Revieren. Leider stehen diese aber auch oft in Händen berufstätiger, aber in ihrer individuellen Zeiteinteilung eben nicht flexibler Jäger, die ihren Hund allenfalls an Wochenenden einsetzen können. Und so kommt es dann eben doch nach schussdurchpeitschten Vollmondnächten zu Engpässen, weil die bekannten Schweißhundführer schnell „ausgebucht" sind und Ersatz aus der zweiten Kategorie nicht zur Verfügung steht.

Jeder Jäger sollte in seinem Jagdschein grundsätzlich einen Zettel mit sich führen, auf dem er die Telefonnummern der örtlichen Schweißhundführer und auch die etwaiger anderer Hundeführer mit schweißgeprüften Jagdgebrauchshunden stets zur Verfügung hat. Und im Handy-Zeitalter weiß dann der Schweißhundführer bereits fünf Minuten nach dem Schuss, dass und wo er und sein Hund am nächsten Morgen gebraucht werden.

Kaliber und Geschosse

Um es gleich vorwegzunehmen: Ich bin kein Ballistiker. Aber ich habe über weit mehr als tausend selbst durchgeführte Nachsuchen akribisch Buch geführt und vor allem die verwendeten Geschosse und Kaliber festgehalten. Mit den jeweiligen Fluchtstrecken und der Feststellung, ob die Nachsuche zum verendeten Stück führte oder noch eine Hetze notwendig wurde, lassen sich eben doch Aussagen über die richtige Kaliber- und Geschosswahl treffen.

Das Kaliber muss „wildartgerecht“ sein, was aus meiner Sicht besagt, dass auf Schwarzwild nicht mit einer ausgesprochenen Rehwildpatrone geschossen werden soll und es umgekehrt für die Bockjagd nicht unbedingt eines Kalibers im Bereich der Hochwildgeschosse bedarf.

Aber: Die Verwendung einer für die jeweilige Wildart zu großkalibrigen Patrone ist zwar möglicherweise mit erheblicher Wildbretzerstörung verbunden, sie tötet aber schneller und ist gewiss wirkungsvoller als der Schuss auf einen Feisthirsch oder Sommerkeiler mit einem Stricknadelgeschoss.

Ziel eines jeden Jägers muss der schnell und sicher tötende Schuss sein!

Die Nachsuche ist eigentlich immer das Ergebnis eines Fehlers des Jägers: Vielleicht stand das Stück zu weit weg, das verwendete Kaliber war alles andere als wildartgerecht, das Jagdfieber beutelte ihn gewaltig, das Licht war nicht mehr ausreichend oder der auf das flüchtende Stück abgegebene Schuss war genau genommen nicht zu verantworten. Es kann als Erklärung für eine selbst verursachte Nachsuche mannigfaltige Gründe geben – immer aber liegen sie in der Person des Jägers.

Der „naturnahe Waldbau" hat unsere Wälder dichter und auch undurchsichtiger gemacht. Große Kahlschlagflächen gehören der Vergangenheit an und auch in nur mittelalten Althölzern wird bereits auf eine flächige Verjüngung oder doch zumindest einen flächig vorhandenen Unter- und Zwischenstand hingearbeitet. Der Schuss auf völlig frei stehendes oder ziehendes Wild wird in Zukunft die eher seltene Ausnahme sein, man muss einfach einkalkulieren, dass ein kleines Ästchen oder ein Krautstängel auch einmal das Blatt verdeckt.

Damit haben all die Geschosse sozusagen „ausgedient" (H-Mantel- und Hohlspitzgeschosse beispielsweise), die sich beim Streifen oder Auftreffen auf ein noch so kleines Hindernis bereits vor dem Wildkörper zerlegen, so dass auf diesem vielleicht nur noch Splitter ankommen. Flugbahnstabile und zerlegungsunempfindliche Geschosse sind eine logische Folge der Veränderungen in unseren Wäldern! Nach meinen Aufzeichnungen und den eigenen Erfahrungen halte ich die „alten" Teilmantel-Rundkopfgeschosse und auch die Torpedo-Universal-Geschosse (nicht zu verwechseln mit der TIG!) für sehr zuverlässige, den genannten Kriterien in hohem Maße gerecht werdende Geschosse.

Über die heute häufig verwendeten Norma-Geschosse – wie zum Beispiel das Oryx – auf stärkeres Wild kann ich nichts sagen. Sie kamen erst gegen Ende meiner aktiven Schweißhundführerzeit auf den Markt, und nur zwei oder drei Nachsuchen auf mit diesem Geschoss beschossenes Wild und keinerlei eigene jagdpraktische Erfahrungen damit erlauben eben kein halbwegs verlässliches Urteil.

Gottlob sind die zwar rasanten, aber eben doch recht kleinen Kaliber nach meiner Einschätzung etwas aus der Mode gekommen. Auf Rehwild sollte nicht mit einem Kaliber unter 7 mm geschossen werden und auf stärkeres Rot- und Schwarzwild dürften Kaliber im 8-mm-Bereich als untere Grenze anzusehen sein. Auch bei der Jagd auf Dam-, Sika- und Muffelwild sollte man „Reserven" haben und sich auch in diesem Kaliberbereich munitionieren. Nur auf Gamswild, das ja geländebedingt oft auf weitere Entfernungen beschossen werden muss, ist eine gestreckte Flugbahn des verwendeten Geschosses sicher ebenso wichtig wie der Geschossdurchmesser und die Auftreffenergie.

Es ist immer besser, ein für die jeweilige Wildart vielleicht zu starkes Kaliber/Geschoss zu verwenden als mit einer „Stricknadel" auf einen starken Feisthirsch oder eine Herbst-Sau mit jeder Menge Weiß unter der Schwarte zu schießen.

All diese guten Ratschläge greifen in aller Regel nur dann, wenn der Schuss einmal nicht im Bereich der 9 oder 10 der DJV-Scheibe sitzt. In diesem Bereich haben sicher alle für die jeweiligen Wildarten zugelassenen Kaliber und Geschosse eine tödliche Wirkung. Auch bei reinen Laufschüssen sind Kaliber und Geschoss eigentlich egal. Eine Nachsuche auf ein Stück Rotwild, dem eine 7 x 57 einen

Foto: Bernd Krewer

Vorderlauf zerschlagen hat, wird nicht anders verlaufen, als wenn dieselbe Verletzung durch eine 9,3 x 74 verursacht worden wäre.

Aber bei allen Schüssen, die im Bereich der Organe oder großer Muskelpartien sitzen, spielen das Kaliber und die Geschossart eine große Rolle. Je größer die Zerstörung des getroffenen Organs ist und je mehr Gefäße in großen Muskelpartien, wie beispielsweise der Keule, zerstört werden, umso rascher wird das getroffene Wild „krank" und umso schneller wird es ins Wundbett gehen und verenden.

Ein Nebeneffekt stärkerer Kaliber ist auch der, dass naturgemäß aus einem größeren Loch im Wildkörper mehr Schweiß austreten kann und damit die Kontrolle im Verlauf der Wundfährte für den Hundeführer erleichtert wird. Der Einschuss eines 7-mm-Geschosses hat eine „Fläche" von 38 Quadratmillimetern, beim Einschuss einer 9,3 messen wir aber 68 Quadratmillimeter. Solange das beschossene Wild noch lebt, wird sich dieses Loch durch Zusammenziehen der Decke im Schussbereich verkleinern und so ist es nur logisch, dass umso mehr Schweiß aus der Schusswunde austritt, je größer das Loch im Wildkörper ist.

Bei nicht ganz breit stehendem stärkerem Wild kommt es häufiger vor, dass der Schwung des Geschosses nicht mehr für ein Durchschlagen der Decke/Schwarte auf der Ausschussseite ausreicht. In solchen Fällen findet man das Geschoss beziehungsweise den Rest, der noch von ihm übrig geblieben ist, oft als kleinen „Knubbel" unter der Decke/Schwarte auf der Ausschussseite.

Fazit:
Lieber ein für die jeweilige Wildart vielleicht etwas überdimensioniertes Kaliber und ein wirkungsvolles Geschoss verwenden, als sich mit Rücksicht auf etwaige Wildbretzerstörung mehr im unteren Kaliberbereich zu munitionieren. Keine ablenkungsempfindlichen Geschosse einsetzen und auch nur Geschossarten, die einen Großteil ihrer Energie im Wildkörper abgeben, aber dennoch meist einen Ausschuss liefern, sofern das Wild breit stehend beschossen wurde. Da der Ausschuss fast immer größer ist als der Einschuss, liefert er auch – sofern vorhanden – die Masse des Schweißes in der Wundfährte.

Foto: Alexander Kelle

Das Verhalten des Jägers vor und nach dem Schuss

Von manchen Jägern aus bestimmten „ökologischen" Lagern wird herausgestellt, dass man gar nicht mehr so genau hinzuschauen brauche; wenn der Abschussplan und die Jagdzeit die Erlegung einer Wildart zulasse, müsse es beim Anblick dieses oder jenes Stückes auch schon knallen. Wer diese Meinung teilt, braucht ab hier nicht mehr weiterzulesen. Ich bin bislang noch nicht in diese Richtung „bekehrt" worden und gehöre noch der traditionellen Jägersparte an.

Es hat auch nicht entfernt etwas mit „Trophäenjagd" zu tun, wenn ich nach wie vor die Meinung vertrete, dass die Erlegung von männlichem wie von weiblichem Wild im Anhalt an die Altersklassenverteilung erfolgen sollte, genauso wie sich die natürlichen Feinde (Wolf, Luchs, Bär u.a.) in von Menschen unbeeinflussten Biotopen auch ihren Anteil aus der jeweiligen Population holen: scharfer Aderlass in der Jugendklasse, weitgehende Schonung der Mittelklasse und Ernte in der Altersklasse. Das Ergebnis einer richtigen Altersklassenbejagung ist stets auch ein optimal hoher Anteil reifer Trophäenträger im vorhandenen Bestand und in der Strecke.

Ist der Jäger richtig, d.h. mit wildartgerechtem Kaliber und entsprechendem Geschoss (siehe vorheriges Kapitel), ausgerüstet, dann bedarf es noch eines guten Fernglases, damit das zu erlegende Stück vorher zweifelsfrei auf sein ungefähres individuelles Alter, seine etwaige Trophäenausbildung und gegebenenfalls seine soziale Stellung in einer Rudelhierarchie bei den rudelbildenden Schalenwildarten angesprochen werden kann. Das ist auf Entfernungen von über 200 Metern kaum möglich und es verführt geradezu zu unverantwortlichen Weitschüssen, wenn in den Geschosstabellen der Jagdkataloge die Flugbahnen allesamt bis 300 Meter abgedruckt sind! Allenfalls ist auf solche Entfernung noch ein Kalb von einem Alttier oder ein Kitz von einer Ricke zu unterscheiden, keinesfalls aber, ob beispielsweise der zu erlegende Damhirsch, Rothirsch, Muffelwidder oder Rehbock ein bestimmtes Alter oder der Rothirsch irgendwo in der Krone oder Gabel noch ein kleines verstecktes Endchen hat. Auch eine Spinne ist auf eine solche Entfernung nicht zu sehen und damit kann auch die wichtige Frage nicht geklärt werden, ob das zu erlegende weibliche Stück ein Kitz oder Kalb führt oder eben nicht.

Zugegebenermaßen ist die Altersansprache beim Rehbock auch auf kürzere Entfernungen oft nicht exakt möglich, aber dies ist bei dieser Wildart vielleicht auch am wenigsten problematisch.

Das zu erlegende Wild sollte *breit stehend* beschossen werden. Es wird immer wieder beschrieben (ist aber dennoch unverantwortlich!), den Haltepunkt dadurch zu finden, dass man am Vorderlauf hochgehend das Blatt suchen und dann den Schuss auf die Reise schicken soll. Infolge der verständlichen inneren Erregung rutscht der Schuss dann oft genug eine Sekunde zu früh heraus und der Laufschuss ist perfekt. *Das Absehen sollte immer von oben in den Wildkörper eintauchen* und die tödliche Stelle suchen. Zwar

Die Lage der Knochen und Organe beim Rothirsch (Ill.: Dr. A. Ströse).

ist ein Krellschuss auch nicht viel besser als ein Laufschuss, ein solches Stück hat jedoch außerhalb der Sommermonate (in dieser Zeit wegen der Schmeißfliegen beziehungsweise deren Maden) größere Ausheilungs- und Überlebenschancen, als wenn die Kugel einen Lauf zerschlagen hat.

Das sicherste Abkommen für einen schnell und sicher tötenden Schuss ist stets (in der Vertikalen) in der Rumpfmitte, und zwar beim Hochwild eine Handbreit hinter der Blattschaufel und beim Reh etwa zwei bis drei Fingerbreiten hinter derselben.

Manchmal ist es nicht zu vermeiden, dass man dem Wild halbspitz von vorne die Kugel antragen muss – bei einem aufs Blatten zustehenden Rehbock beispielsweise. Dann ist die Kugel auf den vorderen Blattschaufelrand zu setzen, und das ist ganz gewiss eine sehr „tödliche" Stelle. Die Kugel fährt in diesem Falle diagonal durch die Kammer und das „reicht" allemal. Bei stärkerem Wild hat man zwar bei einem solchen Treffer keinen Ausschuss, aber den braucht man auch nicht, weil das beschossene Wild kaum den Anschuss lebend verlassen wird.

Der Schuss hinter den Teller der Sau wird immer noch als besondere schießtechnische Glanzleistung dargestellt. Das ist ebenso falsch wie das Finden des Haltpunktes im Anhalt an den Vorderlauf. Man muss in diesem Falle die Wirbelsäule treffen – und die misst im vertikalen Durchmesser, je nach Stärke der Sau, zwei bis drei Zentimeter. Knapp darüber oder darunter getroffen liefern solche Kunstschüsse ekelhafte Nachsuchen mit einem mehr als ungewissen Ausgang.

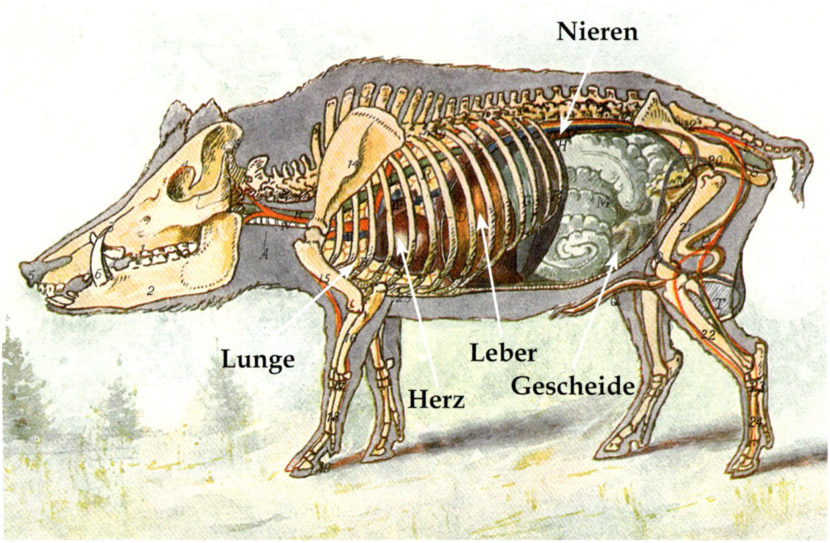

Das Leben bei der Sau sitzt tief. Der Jäger sollte die Lage der inneren Organe beim Wild kennen (Ill.: Dr. A. Ströse)!

Und da sind dann noch die Trägerschüsse, die besonders mutige Kunstschützen gerne unter dem Vorwand der Wildbretschonung antragen. Bei einem Reh und einem starken Kaliber mag das ja noch irgendwie zu verantworten sein – ein Trägerschuss „köpft" das beschossene Reh dann förmlich –, ist aber bei allen anderen Wildarten unverantwortlich! Ein Hirschträger misst in der Vertikalen etwa 30 bis 40 Zentimeter, die Wirbelsäule, die man ja treffen *muss*, aber nur um die vier Zentimeter. Und man muss noch genau wissen und die Stelle treffen, wo im Träger diese Wirbelsäule exakt verläuft. Trifft man diese nicht – siehe missglückter Tellerschuss bei der Sau.

Seltsamerweise denkt so gut wie niemand vor und beim Schuss daran, dass das beschossene Wild nach dem Schuss noch wegflüchten könnte. Daher merkt sich auch kaum jemand den genauen Standort des Wildes bei der Schussabgabe. Ist die Bühne dann leer, geht das große Suchen los. Wie oft habe ich schon erleben müssen, dass der Jäger später dem Hundeführer den genauen Anschuss gar nicht oder nur sehr vage angeben konnte. Insbesondere bei sehr gleichförmigem Gelände (eine gemähte Wiese, ein weiträumiges Buchenaltholz oder eine Kahlschlag-/Kulturfläche) sollte sich der Jäger *vor der Schussabgabe* unbedingt einen Anhaltspunkt merken, der ihm und dem Hundeführer später das Finden des Anschusses erleichtert, wenn denn eine Nachsuche notwendig sein sollte. Das kann eine hohe Distel, eine gezwieselte Douglasie oder auch ein schiefer Baum im Hintergrund sein, wichtig ist eben, dass man sich überhaupt einen markanten Punkt merkt, den man später leicht wiederfinden kann.

Der Jäger sollte *durch den Schuss* schauen und nicht beim Knall alle Körperöffnungen krampfartig verschließen. Tut er Letzteres, dann muss ihm das Zeichnen des Wildes *im Schuss* zwangsläufig entgehen. Das Beobachten des Verhaltens *nach dem Schuss* kann zwar auch Rückschlüsse auf den Sitz der Kugel zulassen, ist jedoch selten so aufschlussreich wie das eigentliche Zeichnen *im Schuss*.

Es wird immer wieder gelehrt, der Jäger solle nach dem Schuss mindestens eine Zigarettenlänge lang warten, bis er den Anschuss untersuchen darf. Das ist nun so generalisierend auch nicht richtig. Hat das beschossene Wild eine nahe Dickung angenommen und ist möglicherweise als-

Der Anschuss auf einer gemähten Wiese ist gar nicht so leicht wiederzufinden, wenn man sich nicht vor dem Schuss einen Anhaltspunkt merkt (Foto: Bernd Krewer).

bald ins Wundbett gegangen, dann besteht natürlich die Gefahr, dass es den auf dem Anschuss herumsuchenden Jäger wahrnimmt und vermutlich weiterflüchtet. In einem solchen Falle ist jede Zigarette zu kurz.

Hat das beschossene Stück jedoch eine weit entfernt liegende Dickung angenommen oder ist über eine Geländewelle geflüchtet, so dass es den auf dem Anschuss nach den Pirschzeichen suchenden Jäger gar nicht mitbekommen kann, dann besteht auch kein Grund, seine Gesundheit durch eine zusätzliche Zigarette zu ruinieren, nur weil es in manchen Lehrbüchern heute noch so geschrieben steht.

Ich bekenne mich ausdrücklich dazu, jagdliche Traditionen hochzuhalten. Dazu gehören auch die überlieferten Bruchzeichen. Nun soll man aber auch nicht sklavisch an Traditionen festhalten, wenn diese nicht besonders effektiv sind und man Besseres an ihre Stelle setzen kann. Und ein Papiertaschentuch oder ein signalfarbenes Bändchen zur Markierung des Anschusses sind allemal besser als ein noch so „gerechter" Bruch, den man möglicherweise am nächsten Tag unter gänzlich anderen Lichtverhältnissen erst einmal lange suchen muss. Auch ist es zweckmäßig, auf dem Anschuss gefundene Pirschzeichen wie Farbe, Borsten, schweißige Blätter und/oder Organ- und Wildbretteile mitzunehmen und nicht auf dem Anschuss liegen zu lassen. Füchse und Eichelhäher könnten sonst bis zum nächsten Morgen den Anschuss „gesäubert" haben und dann liegt eben nichts mehr dort, was dem Schweißhundführer die notwendigen Aufschlüsse über den möglichen Sitz der Kugel geben könnte.

Es sollte auch nicht mehr als unbedingt notwendig auf dem Anschuss herumgetrampelt werden. Es ist unausweichlich, dass man mit seinen Schuhen den Schweiß des Anschusses weit verteilt und so für den Hund jede Menge Verleitfährten legt. Wenn selbst der erfahrene Schweißhund den Anschuss nach dem Ansetzen zunächst einmal mehrfach umrundet und nur mühsam den Abgang der eigentlichen Wundfährte suchen muss, dann kann man sicher sagen, dass dort alles gründlich vertreten wurde.

Wenn der Nachsuchenfall eingetreten ist, sollte der Schweißhundführer so schnell wie möglich verständigt werden, sofern man keinen eigenen schweißerprobten Jagdgebrauchshund zur Verfügung hat. Nach einer Vollmondnacht kann es durchaus passieren, dass der „örtlich zuständige" Schweißhundführer von fünf oder noch mehr Jägern um Hilfe gebeten wird. Und dann gilt: Wer zuerst kommt, mahlt zuerst.

Es ist mir in meiner aktiven Schweißhundführerzeit einige Male passiert, dass ich die nach einer Vollmondnacht oder einer großräumigen Bewegungsjagd angefallenen Nachsuchen unmöglich an einem Tage alleine hätte bewältigen können. Ich versuchte in solchen Fällen immer, einige Suchen an befreundete Schweißhundführer weiter zu vermitteln. Aber das war dann einigen „Jägern" wegen der anfallenden höheren Fahrtkosten durch die größeren Entfernungen bisweilen zu teuer! Ich denke, dieses Verhalten muss man nicht weiter kommentieren.

Das Zeichnen des Wildes

Das „Quittieren“ der Kugel ist bei allen Wildarten umso aussagekräftiger, je mehr die nachfolgenden Kriterien erfüllt sind:

a) Das Stück wurde im Zustand absoluter nervlicher Ruhe beschossen. Es hatte weder Wind vom Jäger bekommen noch vielleicht das leise Klicken des Stechers vernommen.
b) Das beschossene Stück hatte im Moment des Schusses sein Haupt hoch und war nicht etwa beim Äsen.
c) Das Stück stand im Schuss völlig breit.
d) Die verwendete Patrone war „wildartgerecht“.

Das klassische Zeichnen des Wildes wird nur der Jäger mitbekommen, der gelernt hat, „durch den Schuss“ zu schauen und dabei das Verhalten des Wildes in dem Sekundenbruchteil wahrzunehmen, in dem die Kugel auf den Wildkörper trifft.

Meine persönlichen Erfahrungen sind die, dass das *Zeichnen im Schuss* umso eindeutiger ist, je stärker das Geschoss ist. Das hat sicher mit der jeweiligen Auftreffenergie und der Fläche zu tun, die vom Geschoss direkt getroffen wird. Auch zeichnet nach meiner persönlichen Erfahrung das Wild auf Rumpftreffer nicht so klar und eindeutig wie beispielsweise auf einen Krell- oder Laufschuss. Bei Letzteren ist das Zeichnen eigentlich immer eindeutig und aussagekräftig und man kann seine Schlüsse daraus ziehen, bei

Rumpftreffern ist das oft nicht so. Ich habe es schon erlebt, dass Stücke mit guten Blattschüssen wie auf einen klassischen Weidwundschuss zeichneten und auch umgekehrt.

Eines aber sollte jeder Jäger im Schlaf beherrschen: sofort nachladen beziehungsweise repetieren und - wenn möglich - im Anschlag bleiben und sofort nachschießen, für den Fall, dass das vielleicht zunächst zusammengebrochene Stück noch einmal hoch wird. Dann muss auch spitz von hinten nachgeschossen werden, eine Rücksichtnahme auf etwaige Wildbretzerstörung ist in einer solchen Situation völlig unangebracht. Die erfolgreichste Nachsuche ist immer die, die gar nicht erst entsteht.

Sauen zeichnen weit weniger deutlich und „aussagekräftig", was den Sitz der Kugel angeht, als die wiederkäuenden Schalenwildarten. Das liegt sicher an ihrer arteigenen „Härte im Nehmen" und an ihrem starren Knochengerüst.

Sauen werden im Unterschied zu den anderen Schalenwildarten zu einem hohen Prozentsatz entweder bei ungünstigen Lichtverhältnissen (Mond) oder aber in mehr oder weniger schneller Flucht bei den herbst-/winterlichen Gesellschaftsjagden beschossen. In beiden Fällen wird ein etwaiges Zeichnen von der relativen Dunkelheit und/oder vom hohen Adrenalinspiegel gewissermaßen überlagert.

Bei allen Einschränkungen durch meine vorstehenden Ausführungen möchte ich die häufig zu beobachtenden Verhaltensweisen beschossenen Wildes „im Schuss" beschreiben. Manfred Fahle hat dazu sehr anschauliche Federzeichnungen angefertigt.

Blattschuss: je nach Höhe des Schusses auf dem Rumpf steile Flucht nach oben (mit angewinkelten Vorderläufen) bei einem Tiefblattschuss oder schlagartiges Zusammenbrechen bei einem hohen Blattschuss.

Blattschuss.

Schuss in das große oder kleine Gescheide, auch Leber- und/oder Milztreffer: deutliches Zusammenrucken des gesamten Wildkörpers und Wegflüchten mit erkennbar krummem Rücken (ausgenommen Schwarzwild).

Krellschuss: blitzartiges Zusammenbrechen – oft liegt das Stück für Sekunden (oder auch länger) auf dem Ziemer – und heftiges Schlegeln. Das beschossene Stück wird häufig schnell wieder hoch und verlässt hochflüchtig und „optisch“ gesund den Anschuss.

Weidwundschuss (großes/kleines Gescheide/Leber/Milz).

Krellschuss.

Ein Äser- oder Gebrechschuss ist so mit das Übelste, was dem Wild und dem Jäger passieren kann. Eine gebrechkranke Sau beispielsweise wird sich vor dem hetzenden Hund so bald nicht stellen, weil sie ja im Gebrauch ihrer Läufe nicht behindert ist - wohl aber weiß, dass sie sich nicht mehr wehren kann (Foto: Alexander Kelle).

Äserschuss: auf eine Hochflucht folgt ein Wegflüchten mit tiefem Haupt - Sauen pflügen mit dem zerschossenen Gebrech nicht selten den Boden - und Schütteln des Kopfes während der Flucht. Da dieses Zeichnen nur schwer darstellbar und auch wenig eindrucksvoll ist, verzichten wir auf eine zeichnerische Darstellung.

Vorderlaufschuss: Wild knickt dort ein, wo ihm die Stütze weggeschlagen wurde. Bisweilen geht das Stück auch mit dem ganzen Rumpf zu Boden. Beim Wegflüchten ist der unkoordinierte Bewegungsablauf meist deutlich zu erkennen, oft schlenkert auch der zerschossene Lauf.

Vorderlaufschuss.

Brustkernschuss: Das beschossene Stück zeichnet mit einer steilen Hochflucht - ähnlich wie beim tiefen Blattschuss - und flüchtet wie gesund. Bei einem groben Brustkernschuss bleibt das beschossene Stück oft aus Atemnot schon nach kurzer Fluchtstrecke mit tiefem Haupt und offenem Äser stehen (siehe Zeichnung) und flüchtet erst nach ein paar Sekunden weiter. Solches „Verhoffen" kann sich auf den ersten paar hundert Metern mehrmals wiederholen.

Träger-/Hals-Schuss: je nach Sitz der Kugel Zeichnen wie bei einem Krellschuss (wenn die Kugel den Hals im oberen Drittel getroffen hat) oder blitzartiges Zusammenbrechen bei einem Wirbelsäulen-Treffer. Bei einem Schuss nur durch

Brustkernschuss – typisches Verhoffen des kranken Stückes nach kurzer Fluchtstrecke infolge Atemnot.

Drossel und Schlund ist das Zeichnen sehr unklar und – weil optisch sehr unterschiedlich – nicht eindeutig zu beschreiben und auch nicht zu zeichnen.

Keulenschuss: Meist knickt das beschossene Stück hinten ein, ja oftmals geht es mit der gesamten Hinterhand zu Boden. Das Hochwerden ist häufig sehr mühsam und – weil der Schub eben aus der Hinterhand kommt – das Wegflüchten oder Wegziehen erscheint nicht selten auch recht langsam.

All diese typischen Verhaltensweisen wird aber – ich sagte es schon – nur der Jäger erkennen, der es sich angewöhnt

Keulenschuss.

hat, durch den Schuss zu sehen. Steht das variable Zielfernrohr auf sehr hoher Vergrößerung und zeigt folglich nur ein sehr kleines Gesichtsfeld, kann es passieren, dass der Jäger das beschossene Stück erst wieder suchen muss, weil es ihm im Schuss sozusagen „aus dem Glas gerutscht“ ist. In einem solchen Falle wird der Jäger dem Schweißhundführer nur sehr vage Auskünfte geben können.

Bei den Bewegungs-/Drück-/Treibjagden kann es passieren, dass der Jäger eine Weile nach seinem Schuss auf eine Sau beispielsweise in seiner Nähe den Standlaut der Hunde hört. Diese akustische Beobachtung muss er unbedingt dem Nachsuchenführer mitteilen. Es könnte ja beispielsweise sein, dass ein Führer von Stöberhunden anlässlich dieser Jagd die kranke Sau dort vor seinen stellenden Hunden erlegt hat. Natürlich wurde diese Sau nach dem Treiben abtransportiert und lag bereits auf der Strecke. Der am Folgetag eingesetzte Schweißhundführer kommt mit seinem Hund an diesem Punkt natürlich nicht weiter, weil ja von dort aus keine Fährte mehr weiterführt. Erst die Untersuchung der dort erlegten Sau im Kühlhaus kann die Gewissheit bringen (oder eben nicht), ob oder dass es sich tatsächlich um die nachgesuchte Sau handelt (wenn Stärke der Sau, vermuteter Sitz der ersten Kugel, Kaliber und Zeitpunkt des Anschusses sowie der Erlegung durch den Stöberhundführer zueinander passen).

Wichtig sind auch alle übrigen optischen wie akustischen Wahrnehmungen nach dem Schuss und deren Weitergabe an den Schweißhundführer. Vorbeigeschossenes, also gesundes Wild wird auch in dichter Deckung weniger Geräusche verursachen als ein beispielsweise laufkrankes Stück, das dort infolge seines nicht mehr koordinierten Bewegungsablaufes Bäume anflieht oder einfach nur laut und unüberhörbar „wegpoltert".

Wird ein Kalb beschossen, das mit seinem Alttier in die nahe Dickung geflüchtet ist – und kommt dann das Alttier alleine und „verstört wirkend" wieder aus der Dickung heraus, so kann man getrost 10 gegen 1 wetten, dass das Kalb dort in der Dickung zusammengebrochen ist oder sich schwerkrank niedergetan hat.

Der Jäger muss also sämtliche Beobachtungen und Wahrnehmungen dem Schweißhundführer mitteilen. Dieser kann und wird – den jeweiligen Umständen entsprechend – daraus wichtige Schlüsse für seine Nachsuchenarbeit ziehen.

Die Ansprache der Pirschzeichen am Anschuss – Schlussfolgerungen

Ist der Schuss gefallen und das beschossene Wild in weite Fernen entfleucht, so begibt sich der Jäger nach entsprechender Wartezeit (siehe Kapitel *Das Verhalten des Jägers vor und nach dem Schuss)* zum Anschuss. Hat er sich vor dem Schuss entsprechende Anhaltspunkte gemerkt, so wird ihm das auch gelingen. Wenn nicht, ist es besser, den später geholten Hund den Anschuss suchen zu lassen, als selbst alles gründlich zu vertrampeln. Ich hatte schon darauf hingewiesen.

Die Untersuchung des Anschusses ist oft die halbe Ladenmiete (Foto: Alexander Kelle).

Ist der Anschuss gefunden, so sollte er mit den *Augen* abgesucht werden und nicht mit den *Füßen*. Am besten breitet man ein sauberes beziehungsweise unbenutztes Papiertaschentuch aus und legt sorgfältig alles darauf, was man so findet: Wildbretstückchen, Organteile, Knochensplitter, schweißbehaftete Blätter sowie Schnitthaare beziehungsweise -borsten.

Ein **Schnitthaarbuch** kann jetzt sehr hilfreich sein. Es ist allerdings in seiner Anlage sehr aufwendig und man findet es eigentlich fast ausschließlich in den Händen beziehungsweise Taschen der professionellen Schweißhundführer. Es wird selbstverständlich niemand dümmer, wenn er so ein Schnitthaarbuch anlegt. Deshalb sei hier kurz erklärt, wie man das macht:

Man nehme ein frisch erlegtes Stück Rehwild (als Beispiel) und eine Rasierklinge. Dazu schneide man sich ein Rehfoto (Reh breit stehend!) aus einer Jagdzeitung aus; und dann braucht man noch etliche kleine Klarsichtfolien-Taschen sowie mindestens zwei Serien selbstklebender Nummernfolgen von 1 bis 10.

Mit der Rasierklinge schneidet man nun an den verschiedenen Körperstellen (siehe *Das Zeichnen des Wildes)* kleine Deckenstückchen heraus und steckt diese in je eine kleine Klarsichtfolien-Tasche. Die Stelle am Wildkörper, von der man dieses kleine Deckenstück mit den Haaren daran entnommen hat, wird auf dem Foto mit derselben Zahl markiert beziehungsweise nummeriert wie auch die Klarsichtfolien-Tasche. Ist man damit fertig, überklebt man als vorsichtiger Mensch das Foto komplett mit durchsichtigem

Tesafilm; das verhindert, dass sich aufgeklebte Nummern ablösen. Leere Schnitthaarbücher sind unterdessen auch im Fachhandel erhältlich; wer damit zurechtkommt, kann sich ggf. die Anfertigung nach individuellem Anspruch ersparen.

Beim Rehwild braucht man eine solche Serie sowohl vom Reh in der Sommer- wie auch der Winterdecke.

Genauso verfährt man mit den anderen Schalenwildarten. Beim Rotwild muss man das Schnitthaarbuch nicht nur getrennt nach Sommer- und Winterdecke, sondern auch jeweils von Hirsch, Alttier und Kalb anlegen. Beim Damwild ist es wegen der Verschiedenfarbigkeit der Stücke untereinander (porzellanfarbig bis schwarz) und bei den „normal" gefärbten Stücken wegen der über den ganzen Rumpf verstreuten weißen Flecken noch problematischer und daher wenig aussagekräftig.

Ähnlich schwierig ist es beim Muffelwild, weil es hier – von Population zu Population unterschiedlich viele – Widder mit und ohne Sattelfleck gibt. Alleine die Struktur der Einzelhaare kann hier dem kundigen Schweißhundführer helfen, nicht aber die Farbe.

Gleiches gilt auch für das Schwarzwild. Die Farbe der Borsten gibt keinen Aufschluss über den Kugelsitz, es gibt eben „blonde" und rabenschwarze Sauen und alle Übergänge dazwischen. Aber die Struktur der Borsten, deren Länge, ob „gemischt" mit Unterwolle oder nicht, lässt schon relativ sichere Rückschlüsse auf den Sitz der Kugel zu.

Schnitthaare und -borsten geben nur dann einen Aufschluss über den Sitz der Kugel, wenn sie tatsächlich *ab-*

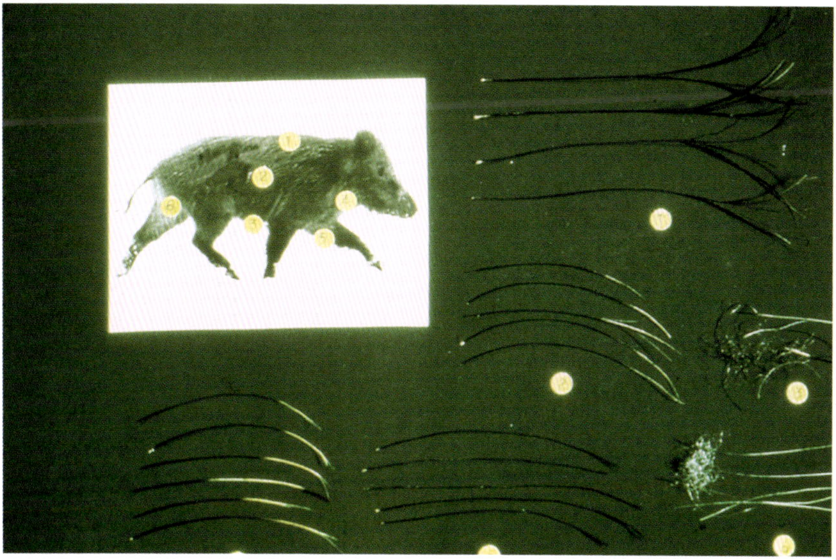

So könnte ein Schnitthaarbuch aussehen – hier ein Schnittborstenbuch (Foto: Karl Bergien).

geschossen wurden und nicht etwa mit der Wurzel nur einfach abgefallen sind. Das kann man manchmal nur mit einer Lupe erkennen.

Viele Schnitthaare/Schnittborsten am Anschuss deuten auf einen Streifschuss hin, man sollte sich nicht darüber freuen. Die meisten Haare/Borsten liefert der Ausschuss, sofern vorhanden. Ohne Ausschuss wird man beispielsweise im hohen Gras lange und meist vergeblich nach solchen suchen.

Das Finden dieser Pirschzeichen ist auch Übungssache. Es bedarf schon eines guten Auges, die braunen Haare eines Stückes Rotwild in der Winterdecke auf dem gleichfarbenen braunen Falllaub eines Buchenaltholzbestandes schnell zu finden. Einfacher ist das alles natürlich bei

Schnee, aber wann haben wir den schon mal in unserem immer atlantischer = wärmer werdenden Klima.

Der **Schweiß** ist *das klassische Pirschzeichen* auf dem Anschuss und beweist absolut eindeutig, dass das Stück die Kugel hat. Die Farbe des Schweißes hat längst nicht die Bedeutung, die ihr so oft zugemessen wird. Natürlich kann man den braunen Leberschweiß gut von dem helleren und „röteren" Wildbret- oder Lungenschweiß unterscheiden, aber:

- Bei Frost wird selbst dunkler Schweiß, wenn er beispielsweise auf gefrorenes Holz aufspritzt, sofort sehr hell und bleibt auch hell.

Milzstückchen mit Schweiß (Foto: KARL BERGIEN).

- Heller Lungenschweiß, der mehrere Stunden der Sonne und der Wärme ausgesetzt war, verliert seinen Feuchtigkeitsgehalt und wird „dunkel“.

Wer diese witterungs- und zeitabhängigen Veränderungen nicht kennt, kann leicht die falschen Schlüsse ziehen.

Findet man mit dem Auge wegen der bereits eingetretenen Dämmerung (Rot ist die erste Farbe, die im Dämmerlicht sozusagen verschwindet) keinen Schweiß mehr, so ist es zweckmäßig, mit einem Papiertaschentuch den Anschuss (und auch ein Stück dahinter - in Richtung eines etwaigen Ausschusses) abzutupfen. Jeden noch so kleinen Schweißspritzer wird uns das Papiertaschentuch zeigen.

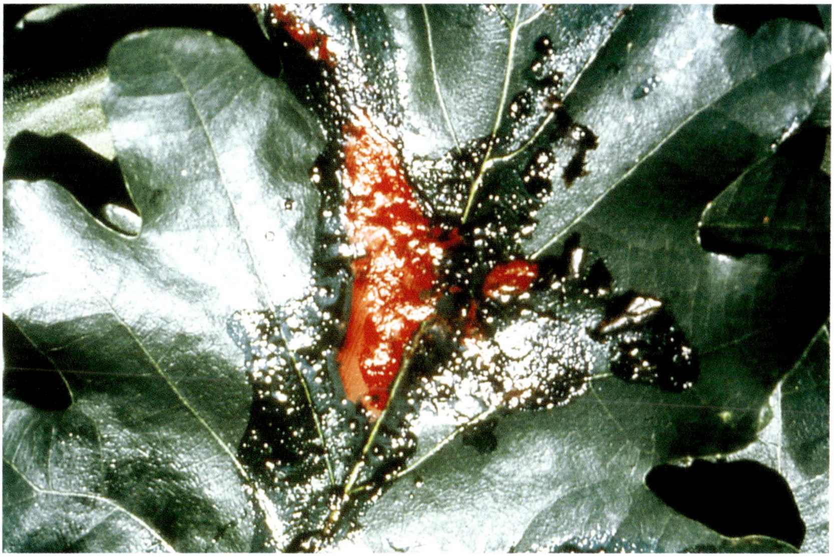

Hellroter Wildbretschweiß mit hineingelaufenem, zu kleinen Kügelchen geronnenem Knochenmark. Die scheinbare Bläschenbildung kann leicht zur Verwechslung mit Lungenschweiß führen (Foto: KARL BERGIEN).

Auf dem Weg zum Anschuss und vor allem dann, wenn man das Wild nicht auf einer offenen Fläche, sondern im Wald beschossen hat, sollte man sich gelegentlich umdrehen und zum „Stand“ zurückschauen. Hat die Kugel beispielsweise ein dünnes Fichtenstämmchen auf dem Weg zum Wildkörper gestreift oder durchschlagen, wird man dies auf der „Ausschussseite“ deutlicher erkennen können als den nur kalibergroßen Einschuss zum Standort des Jägers hin. Weiße Holzspäne auf dem Weg zum eigentlichen Anschuss sind kein gutes Zeichen!

Am Anschuss beziehungsweise nach dessen Begutachtung entscheidet sich der verantwortungsbewusste Jäger, wie es mit diesem kranken Stück weitergehen soll. Findet er Knochensplitter (ausgenommen eindeutige Splitter

Eingetrockneter Lungenschweiß – die kleinen Bläschen sind noch gut zu erkennen (Foto: Karl Bergien).

Frischer, blasiger Lungenschweiß (Foto: KARL BERGIEN).

Knochensplitter aus einer Gelenkkapsel (Foto: KARL BERGIEN).

Röhrenknochensplitter (Foto: Karl Bergien).

von einer Rippe), so steht eigentlich immer eine schwierige Nachsuche bevor und es muss der beste Nachsuchenhund geholt werden, der erreichbar ist. In einem solchen Falle ist auch stets mit einer Hetze zu rechnen und der Schütze sollte eventuell betroffene Nachbarn, deren Reviere von dieser Nachsuche berührt oder durchquert werden könnten, vorab verständigen (es sei denn, es gibt Regelungen, die anerkannten Schweißhundführern das Überschreiten von Jagdgrenzen im Zuge begonnener Nachsuchen erlauben).

Ähnliches gilt bei Pansen-/Weidsack-Schüssen, Schüssen durch das kleine Gescheide sowie Krell-, Hals/Träger- und Keulenschüssen – insbesondere bei Schwarzwild und den übrigen Hochwildarten.

Bei Pansenschüssen ist der auf dem Anschuss liegende Inhalt noch sehr grob und die Pflanzenteile sind noch op-

Panseninhalt, die Struktur der Pflanzen ist noch gut zu erkennen, bei Darminhalt wäre es nur noch ein Pflanzenpüre (Foto: KARL BERGIEN).

Leberschweiß mit Leberstücken (Foto: ALEXANDER KELLE).

Knochensplitter von einer Rippe (Foto: Karl Bergien).

tisch ohne Hilfsmittel erkennbar. Bei Treffern im kleinen Gescheide ist dessen Inhalt creme- beziehungsweise spinatartig, die Pflanzenteile sind bereits völlig aufgeschlossen und nicht mehr erkennbar. Bei Sauen kann man heute getrost davon ausgehen, dass man bei Weidsackschüssen stets zerkauten oder auch unzerkauten Mais auf dem Anschuss finden wird!

Viele und eindeutig der oberen Rumpflinie zuzuordnende Haare/Borsten, etwas „zerstäubtes" Wildbret und manchmal auch kleine und dünne Knochensplitterchen von einem Dornfortsatz der Wirbelsäule lassen mit hoher Sicherheit einen Träger-/Krellschuss vermuten. Diese Stücke sind zwar oft auch mit dem besten Hund nicht zu bekommen – im Sommer sind solche Stücke aber, wenn sie

Hier hat die kranke Sau einen liegenden Stamm überfallen und dabei Schweiß abgestreift (Foto: ALEXANDER KELLE).

sich die Wunde nicht durch Lecken selbst sauber halten können, meist verloren. Vor allem Sauen werden manchmal von den Maden regelrecht aufgefressen. Sie können sich infolge ihres starren Knochengerüstes nicht lecken, und wenn sie die Wunde nicht täglich in einer Suhle sozusagen mit Schlamm abkapseln, legen Fliegen ihre Eier hinein und die Maden beginnen in der Folge ihre Arbeit.

Viele und bisweilen grobe Wildbretteile deuten stets auf einen Keulenschuss hin. Keulentreffer liefern im ersten Teil der Wundfährte fast immer sehr viel Schweiß, weil ja dort eigentlich in der Regel große Blutgefäße getroffen beziehungsweise zerschossen worden sind.

Jeder Jäger, der einen eigenen Jagdgebrauchshund führt, sollte dessen Grenzen genau kennen und wissen, wann er ihn auf einer Wundfährte einsetzen kann und darf. In welchen Fällen das Tierschutzgesetz (Schmerzen und Leiden kranken Wildes müssen so schnell wie irgend möglich beendet werden) berührt werden könnte und wann es nur noch um das rechtzeitige Finden des Stückes und damit seine sinnvolle Verwertung geht - darüber später mehr.

Foto: Alexander Kelle

Für die Nachsuche geeignete Hunderassen

Etwa 60 verschiedene Jagdgebrauchshundrassen sind durch Zuchtvereine im Jagdgebrauchshundverband organisiert. Vertreter nahezu all dieser Rassen erleben wir auf den Wundfährten kranken Schalenwildes. Dabei bringen längst nicht alle Rassen die elementaren Voraussetzungen für eine gute Schweißarbeit mit, schon deshalb nicht, weil diese in ihrem ererbten, rassetypischen Anlagenspektrum gar nicht fixiert sind.

Voraussetzungen für einen erfolgversprechenden Einsatz auf den Wundfährten kranken Schalenwildes sind:

a) Der Hund muss von seiner Nasenqualität her in der Lage sein, einer nur noch wenige Duftpartikelchen abgebenden Fährte zu folgen.

b) Er muss einen ausgeprägten Finderwillen, also den „Drang zur Folge", haben.

c) Er muss von seiner Konstitution und seiner Kondition her in der Lage sein, nicht nur die Riemenarbeit, sondern auch die etwaige Hetze zu bewältigen.

d) Er muss wildscharf sein, also das gehetzte Stück entweder niederziehen (Rehwild, schwache Kälber und

Frischlinge) oder aber bis zum Fangschuss scharf stellen.

e) Er muss mindestens sichtlaut, besser aber fährtelaut jagen.

f) Dazu bedarf es einer ausgeprägten Wesensstabilität. Wesenslabile Hunde sind für einen ernsthaften Nachsucheneinsatz unbrauchbar.

g) Er muss mit tiefer Nase suchen, also auf der Fährte „kleben". Hochwindsucher, die ihre Nase stets hoch in den Wind stecken (dorthin ist das kranke Wild garantiert nicht geflüchtet), sind für einen ernsthaften Nachsucheneinsatz nicht geeignet.

h) Er muss das Rezept des jagenden Hundes, das Bogenschlagen also, beherrschen. Das muss angewölft sein. Ich glaube nicht, dass man diese Eigenschaft einem Hund anerziehen beziehungsweise beibringen kann.

i) Er muss sein Temperament zügeln können. Die Läufe dürfen nicht schneller sein als die Nase.

Wenn wir unsere Jagdgebrauchshundrassen daraufhin einmal „abklopfen", werden wir feststellen, dass eben doch nur wenige alle diese Voraussetzungen mitbringen.

Kopfporträt eines typischen Hannoverschen Schweißhundes (Zeichnung: MANFRED FAHLE).

Unsere Schweißspezialisten **Hannoverscher Schweißhund, Bayerischer Gebirgsschweißhund** und gem. Einteilung der FCI auch die **Alpenländische Dachsbracke** erfüllen alle genannten Bedingungen. Das wird nicht verwundern, sind doch diese Rassen seit Jahrhunderten auf eben diese Eigenschaften hin gezüchtet beziehungsweise selektiert. Sie sind „Schmalspurspezialisten" und für andere jagdliche Einsatzbereiche nicht zu gebrauchen. Wir sollten auch die Rassebezeichnung **Schweißhund** nur für diese Rassen verwenden und nicht – wie oft zu hören – dieses Attribut allen auf Schweißfährten eingesetzten Jagdhunden zuerkennen. Ein vorstehender Retriever (so etwas gibt es!) wird dadurch ja auch kein Vorstehhund.

Unsere **kontinentalen Vorstehhunde** erfüllen mehrheitlich diese Voraussetzungen ebenso und wir finden in dieser Rassegruppe hervorragende Nachsuchenhunde, wenn sie speziell darauf eingearbeitet und in anderen Einsatzbereichen eben nicht oder nur sehr selten eingesetzt werden. Wichtig ist, dass der jeweilige Hund die oben genannten Voraussetzungen mitbringt. Wenn ein *Weimaraner* laut jagt, dann ist dieser „Einzelhund" eben für die Nachsuchenarbeit einsetzbar, obwohl es gerade bei dieser Rasse leider viele stumme Vertreter gibt. Gleiches gilt für die Ungarischen Vorstehhunde (*Magyar Viszla*). Gefragt sind also die individuellen Eigenschaften eines Hundes, weniger die der ganzen Rasse.

Die **Englischen Vorstehhunde** *(Pointer und die vier Setterrassen English-Setter, Irish-Red-Setter, Irish-Red&White-Setter, Gordon-Setter)* sind ausnahmslos Stummjager und Hochwindsucher, sie scheiden daher in ihrer übergroßen Mehrheit für einen ernsthaften Nachsucheneinsatz aus.

Der **Deutsche Wachtel** bringt als Rasse alle Voraussetzungen mit und wenn diese auch vom einzelnen Hund erbracht werden, dann steht dieser Hund auf der Wundfährte „seinen Mann“, sofern er nicht häufig bei winterlichen Bewegungsjagden eingesetzt wird. Freies Jagen und konzentrierte Schweißarbeit sind Eigenschaften, die man beide zusammen nicht von einem Hund erwarten beziehungsweise verlangen sollte.

Auch unter den **Spaniels** finden wir gute Nachsuchenhunde, wobei das laute Jagen beim *Cockerspaniel* kaum noch ein Problem, hingegen beim *Springerspaniel* leider immer noch die seltene Ausnahme ist.

Das laute Jagen ist die Domäne der **Bracken**. Stumm jagende Bracken sind so selten wie weiße Raben. Von daher sind

Auch die Tirolerbracke ist bei entsprechender individueller Eignung, Einarbeitung und Spezialisierung ein brauchbarer Nachsuchenhund (Foto: Bernd Krewer).

sie für die Schweißarbeit gut geeignet, wenn auch die anderen Voraussetzungen, wie beispielsweise die Wildschärfe, vorhanden sind. Und da hapert es gelegentlich - am meisten vielleicht bei der englischen Zwergbracke, dem *Beagle*. Es gilt immer noch der Satz vom alten Rudolf Frieß („RF"), dass ein guter Hasenhund allemal das Zeug zu einem tüchtigen Schweißarbeiter hat.

Unter den **Terriern** finden wir ebenfalls gute Schweißarbeiter, besonders bei den *Deutschen Jagdterriern*. Aber auch bei den *Foxterriern* und den *Parson-Russel- und den Jack-Russel-Terriern* begegnen wir brauchbaren Nachsuchenhunden, sofern diese laut jagen und ihr Temperament zügeln d.h. sich konzentrieren können. Eine von mir geführte Deutsche Jagdterrierhündin wurde so etwa ab Alter acht Jahre ein sehr brauchbarer Nachsuchenhund, alters- und konditionsbedingt wurde sie ab da langsamer und konnte sich plötzlich auch konzentrieren, was ihr vorher nie gelang.

Die **Teckel** sind eigentlich Zwergbracken und bringen von daher schon gute Voraussetzungen für die Schweißarbeit mit. Man sollte nur die Grenzen erkennen und einhalten, die sich aus dem Körperbau dieser Rasse zwangsweise ergeben. Bei so kleinen Beinchen wird es einem noch so passionierten Teckel kaum gelingen, einen Rehbock, ein Kalb oder einen Frischling mit einem Laufschuss hetzend einzuholen. Wer eine solche Nachsuche beginnt, der sollte unbedingt einen hochläufigen und bekanntermaßen scharf und laut hetzenden Jagdhund nachführen lassen, der dann statt des Teckels oder mit ihm zusammen am letzten Wundbett geschnallt wird. Wichtig für die Gesundheit des Teckels ist es, dass sich beide Hunde gut kennen!

Die **Retriever** jagen nahezu immer stumm und ihnen fehlt auch in ihrer großen Mehrheit die notwendige Wildschärfe. Von daher muss sich ihr Einsatz auf der Wundfährte auf sichere Totsuchen beschränken.

Bei den **Nordischen Hunden,** den *Laiki,* fehlt es fast immer am Laut. Standlaut alleine genügt nicht, ich muss den Verlauf der Hetze auch mit dem Ohr orten können. Also auch

Ein Nachsuchengespann, mit dem man den Teufel aus der Hölle holen kann: Hannoverscher Schweißhund und Deutscher Jagdterrier (Foto: Erich Marek).

bei diesen Hunden sollte sich ein Einsatz auf Wundfährten beschränken, bei denen der Anschuss mit der notwendigen Sicherheit ausweist, dass das beschossene Stück zum Zeitpunkt des Beginnes der Nachsuche bereits verendet ist.

Wer sich und seinen Hund bevorzugt dem Nachsucheneinsatz widmen möchte, der sollte sich eine Rasse auswählen, die die eingangs genannten Voraussetzungen für einen erfolgreichen Einsatz auf den Wundfährten mit hoher Wahrscheinlichkeit mitbringt. Und dann sollte sich der Einsatz eines solchen spezialisierten Hundes auf die Schweißarbeit beschränken. Ich sagte es schon: Konzentrierte Riemenarbeit und häufig freies Jagen schließen sich gegenseitig aus.

Die Einarbeitung der „Spezialisten“

Zu den Spezialrassen für die Schweißarbeit gehören der Hannoversche Schweißhund (HS), der Bayerische Gebirgsschweißhund (BGS) und – mit Einschränkung, weil sie auch noch in anderen jagdlichen Einsatzbereichen eingesetzt wird – die Alpenländische Dachsbracke (AD).

Der HS wird traditionell immer noch dort, wo es möglich ist und die Revierverhältnisse und die Hochwildbestände es erlauben, auf der beobachteten kalten Gesundfährte einzeln gezogenen Hochwildes eingearbeitet. Das war natürlich in den Zeiten der früheren Kahlschlagswirtschaft sehr viel einfacher als heute. Ich hatte viele Jahrzehnte lang überhaupt keine Probleme, meine jungen Schweißhunde auf ausreichend langen und einwandfrei beobachteten Fährten einzeln gezogenen Rot-, Muffel- und Schwarzwildes auf solchen Kahlflächen einzuarbeiten. Das ist heute bei der kahlschlagsfreien naturnahen Waldbewirtschaftung mit stufig, das heißt auch mehr oder weniger undurchsichtig aufgebauten Wäldern sehr viel schwieriger geworden. Lediglich in mittelalten, noch weitgehend unterstandsfreien Buchen- und manchmal auch Eichenbeständen mag dieses System der „Hirschmannschule“ noch funktionieren.

Diese Einarbeitungsmethode basiert auf den Erfahrungen der Leithundführer des Mittelalters, dass jedes Stück Wild sich in seiner Individualwittrung von seinen Artgenossen unterscheidet. Ein feinnasiger Hund ist in der Lage, einer solchen „Leitschnur“ zu folgen, auch über andere und womöglich frischere Fährten von Tieren der gleichen Art hinweg.

Foto: Erich Marek

Sinn und Zweck der Hirschmannschule ist es, den jungen Schweißhund auf einer Duftbahn einzuarbeiten, die immer vorhanden ist: die Bodenverwundung durch die Schalen des Wildes plus die individuelle Wittrung des dort gezogenen Einzelstückes. Der „Sprung“ von der Gesund- zur Wundfährte ist also für den Hund zunächst eine Erleichterung, weil nunmehr zusätzlich zur Bodenverwundung und der Individualwittrung noch die Krankwittrung und darüber hinaus die Wittrung von Schweiß oder anderen Körperflüssigkeiten (Magensäfte und Mageninhalt bei Pansenschüssen beispielsweise) hinzukommen.

Unstrittig ist, dass alle herausragend erfolgreichen Hannoverschen Schweißhunde bis vor etwa dreißig Jahren nach der Hirschmannschule eingearbeitet wurden, wobei natürlich hinzu kam, dass diese Hunde fast ausnahmslos in Händen erfahrener und vielbeschäftigter Schweißhundführer standen.

Zur „Technik“ der Einarbeitung

Der Führer eines jungen HS muss oft frühmorgens im Revier sein und sich dort ansetzen, wo er eine möglichst weite Sicht und Einblick auf Freiflächen oder lockere „Buchen-Hallenbestände“ hat. Sieht er einen einzelnen Hirsch bei seinem Kirchgang, ein einzelnes Alttier mit Kalb oder eine Bache mit Frischlingen (Jungwild hat in den ersten Lebenswochen und Monaten eine so geringe Eigenwittrung, dass man dieses getrost „vernachlässigen“ kann), so merkt er sich im Fährtenverlauf möglichst viele markante Punkte, wie z. B. einen hoch aufragenden Wurzelteller, eine tief gezwieselte Buche oder einen hohen Stubben, an denen das oder die Stücke vorbeigezogen sind. Diese Punkte sind die „Kontrollmarken“, die der Hund ebenfalls passieren muss.

Je nach Witterung, Außentemperatur und Bodenfeuchtigkeit wird der junge HS nach ein bis drei Stunden Wartezeit dort angesetzt, wo man selbst die Stücke zuerst beobachten konnte. Zu Beginn der Einarbeitung darf die Fährte nur so weit gearbeitet werden, wie man sie auch zweifelsfrei beobachten konnte. Würde man „auf Verdacht“ weiterarbeiten, könnte man ein etwaiges „Changieren“, ein Überwechseln auf die Fährten anderen Wildes also, nicht erkennen und möglicherweise den Hund ungewollt gerade dazu animieren.

Länge und Stehzeit kann und soll man im Anhalt an den Ausbildungsstand des jungen HS kontinuierlich steigern. Der junge HS sollte im Alter von etwa ein bis eineinhalb Jahren in der Lage sein, auch bei heißen Sommertemperaturen und knochentrockenem Boden eine Gesundfährte noch nach fünf bis acht Stunden Stehzeit sicher zu arbeiten.

Bei Schneelage ab etwa fünf Zentimetern Schneehöhe sollte man keine gesunden Fährten arbeiten. Der Hund könnte dazu verleitet werden, sich mehr auf sein Auge zu verlassen als auf seine Nase. Das gilt selbstverständlich nicht für die Arbeit auf Gesundfährten, die nur durch gerade gefallenen Neuschnee verdeckt sind; diese bieten je nach Standzeit und Schneehöhe hervorragende Übungsmöglichkeiten.

Kommt der Hund zweifelsfrei von der Ansatzfährte ab und folgt einer Verleitung, so wird er mit entsprechender akustischer Untermalung von der Verleitfährte **abgezogen** und möglichst wieder dort angesetzt, wo er diese verlassen hatte. Kennt oder findet man selbst diesen Punkt nicht wieder, so lasse man seinen Hund in einem Halbkreis **vorsuchen**, so dass er im Laufe dieses Halbkreises die Ansatzfährte sicher kreuzen muss. Fällt er diese nun wieder an, so sagt man ihm, was er doch für ein toller Kerl sei und animiert ihn zur Weiterarbeit.

Wird die Fährtenarbeit beendet, so wird der Hund wieder sehr gelobt und bekommt aus der Jackentasche seine Brocken. Es muss dies an heißen Sommertagen ja nicht unbedingt ein Stück Leberwurst sein, sondern vielleicht etwas Fertigfutter oder einer der heute im Fachhandel vielfach angebotenen „Belohnungshäppchen“. Verfressene Hunde lassen sich leichter motivieren als die Hunde, die sehr auf ihre Linie achten und denen man mit solchen Bröckchen nicht sonderlich imponieren kann.

Oft macht der Hirsch, dessen Fährte man arbeiten möchte, einen Widergang in der Form, dass er in seiner Fährte wendet, ein mehr oder weniger kurzes Stück **in seiner eigenen Fährte** zurück zieht, um sie dann **rechtwinklig mit dem Wind** zu verlassen. Hier stößt der Hund natürlich am Wendepunkt ins Leere, und es ist sehr spannend, zu beobachten, was der Hund jetzt macht. Ist ihm das **Rezept des jagenden Hundes, das Bogenschlagen also**, angewölft, so wird er mit tiefer Nase um diesen Punkt Kreise ziehen mit immer größer werdendem Durchmesser. Irgendwann muss er bei dieser Arbeit den Abgang kreuzen und wird dann der Fährte weiter folgen. Dieses Bogenschlagen hat nichts, aber auch gar nichts mit **Faseln** zu tun, wie weniger kynologisch beschlagene Zeitgenossen das oft nennen.

Beherrscht der Hund dieses Bogenschlagen nicht, so wird er mit mehr oder weniger hoher Nase planlos in der Gegend herumsuchen, und das ist dann tatsächlich „Faseln". Zumindest sollte man versuchen, ihn zum „Kreisen" zu animieren. Wenn er dann die Fährte wieder kreuzt, merkt er sich das ja vielleicht doch noch und verwertet die so gewonnene Erfahrung beim nächsten Mal.

Man kann einen Hund zum Apportieren **zwingen** oder auch zum Ablegen, **niemals aber zur Arbeit auf der Gesund- oder Wundfährte**. Das muss er selbst **wollen**. Zwang bei der Fährtenarbeit darf man nie ausüben, je lieber und „zwangfreier" er diese Arbeit macht, umso zuverlässiger ist er oder wird er werden. Wenn unser Hund also einmal keine Lust hat, weil er vielleicht gesundheitlich nicht ganz auf der Höhe ist, dann brechen wir die Arbeit kommentarlos ab und gehen/fahren nach Hause.

Gegen die „Hirschmannschule" wird gelegentlich argumentiert, sie verführe den Hund gerade dazu, gesunden Fähren zu folgen, statt sich auf die Krankwittrung zu konzentrieren, die ja später *die alleinige Richtschnur* seiner Arbeit sein muss. Ich kann das nicht bestätigen. Ich habe bei den sieben von mir eingearbeiteten und über das gesamte jeweilige Hundeleben einigermaßen erfolgreich geführten Hannoverschen Schweißhunden diese Feststellung nicht machen können.

Der für den Hannoverschen Schweißhund in Deutschland allein von der Dachverbänden JGHV und VDH anerkannte Zuchtverein, der „Verein Hirschmann“, prüft die Anlagen seiner jungen HS auch heute noch, wenn es irgendwie möglich ist, auf kalten Gesundfährten. Da für eine Vielzahl junger Hunde aber kaum noch irgendwo in diesem Lande an einem Tag nach Zahl und Länge ausreichend beobachtete Einzelfährten „beschafft“ werden können, greift man zunehmend auf die eigens für solche Prüfungen hergestellten Fährten mit oftmals extra für diesen Zweck gehaltenen zahmen Wildschweinen zurück (oder arbeitet die Hunde auf mit Fährtenschuhen getretenen schweißlosen Kunstfährten ein).

Der „Schweineführer“ macht also mit seinem Wutzchen morgens einen ausgedehnten Waldspaziergang und merkt sich viele Punkte, wo sich sein „Felix“ oder seine „Kleopatra“ gesuhlt, wo er/sie gebrochen oder wo er/sie einen Malbaum benutzt hat. Analog der Arbeit auf einer tatsächlichen „Wild“-Fährte arbeitet der junge HS nun unter den kritischen Augen der Richter diese „Zahm“-Fährte.

Aus meiner subjektiven Sicht ist das allerdings nur ein Notbehelf. Aufgrund ihrer Haltung in einem Stall oder jedenfalls in einem relativ engen Gehege (verglichen mit der freien Wildbahn der „wilden“ Sauen) und der anderen Ernährung wird sich die Wittrung einer solchen zahmen Sau sehr deutlich von der ihrer wilden Artgenossen unterscheiden. Insofern ist die Arbeit nach meiner Einschätzung auf einer solchen Fährte in aller Regel einfacher als die auf der Fährte einer tatsächlich wilden Sau. Aber es hat sich das beim „Hirschmann“ so eingebürgert, und eine andere Alternative weiß ich auch nicht.

Die Einarbeitung (und Prüfung) auf der mit dem Fährtenschuh getretenen Kunstfährte unterscheidet sich nicht von der Prüfungsordnung des Jagdgebrauchshundverbandes (JGHV) für die „Fährtenschuhprüfung", ausgenommen dass sie gänzlich ohne - also auch nicht auf den ersten Metern - Schweißzusatz hergestellt wird. Der Hund muss sich also an etwas orientieren, das in jeder Fährte vorhanden ist: an der Bodenverwundung. Auch hier sollten wir nicht glauben, dass unser Hund nicht nach wenigen Metern genau weiß, dass er eine Kunstfährte arbeitet und eben nicht eine Naturfährte. Aber man kann eben beim Treten einer solchen Fährtenschuh-Fährte jede Menge „Gemeinheiten" einbauen, Widergänge, Verleitungen durch später über die getretene Fährte gezogene Kaninchen u.s.w., der Fantasie sind da keine Grenzen gesetzt. Die Fährtenschuhfährte ist ein vorzügliches Nasen- und Konzentrationstraining und ist absolut unabhängig davon, ob mir ein Hochwildrevier für die Einarbeitung meiner Hunde zur Verfügung steht oder nicht.

Die ersten Einsätze auf tatsächlichen „echten" Wundfährten müssen unbedingt erfolgreich sein! Die „Brücke" *Arbeit auf der Gesundfährte = Belohnungshappen / Arbeit auf der Wundfährte = „Erfolg und Genossenmachen am gefundenen verendeten Stück"* muss sich beim jungen Hund aufbauen können, bis er die positive Erfahrung auf der Wundfährte dauerhaft verknüpft. Nach etlichen erfolgreichen Totsuchen darf dann auch mal die erste Hetze an einem kranken Stück gewagt werden. Der Schweißhundführer weiß bis dahin in aller Regel, ob und wie sein junger HS hetzt. Mit jedem meiner vielen Schweißhunde ist es mir (und - wie ich weiß - auch allen anderen Schweißhundführern) passiert, dass sie doch mal im Revier ausgebüxt sind - und ich war dann immer ganz froh, wenn ich erstmals den Hund laut jagen hörte.

Auch die ersten Hetzen an krankem Wild sollen, ja müssen erfolgreich sein. Keinesfalls darf der junge HS bei seiner ersten Hetze an einem laufkranken Stück geschnallt werden, sondern - beispielsweise - an einem schwer kranken Stück mit Weidwundschuss.

So wächst der junge HS langsam in seine Aufgaben hinein. Nach 40 bis 50 erfolgreichen Nachsuchen wird er die Reife

Fährtenschuh der neueren Generation. Es geht sich auf diesem Fährtenschuh sehr viel leichter als auf der früheren Konstruktion, als die Schalen noch unter die Sohle eingespannt wurden (Foto: René Wiese).

und die Erfahrung haben, auch schwierigste Aufgaben im Nachsuchenbereich zu lösen. Das kann – bei entsprechend häufigem Einsatz – bereits im Alter von zwei Jahren sein, aber vielleicht auch erst im vierten Behang, wenn es an entsprechendem Nachsuchenangebot fehlt. Im Übrigen gibt es selbst unter optimalen Bedingungen und regelmäßigem Einsatz von Hund zu Hund Entwicklungsunterschiede.

Der Bayerische Gebirgsschweißhund und auch die Alpenländische Dachsbracke werden in aller Regel auf der getretenen **Fährtenschuh-Fährte** eingearbeitet.

Der Übergang von der Kunst- = Fährtenschuhfährte zur echten Wundfährte und zur Hetze verläuft beim BGS und der AD analog der Einarbeitung beziehungsweise Führung des HS.

Das **Verweisen** (also das „Zeigen“ durch intensives Bewinden) von Schweiß, Knochensplittern oder sonstigen Körperteilchen, die man im Fährtenverlauf finden kann, ist nach meine Erfahrung den Schweißhunden angewölft. Ob man dies überhaupt anerziehen kann, möchte ich fast bezweifeln. Aber ich habe es ja auch noch nie notwendig gehabt, es einem meiner Hunde beibringen zu müssen, sie taten es alle von sich aus!

Eine Beobachtung konnte ich jedoch bei all meinen Hunden machen: Sie verwiesen umso deutlicher, je weniger Schweiß im Fährtenverlauf zu finden war. Schweißte das nachgesuchte Stück stark, dann hielt sich keiner meiner

Hunde lange mit dem Verweisen auf. Hatte der Schweiß jedoch Seltenheitswert, so wurde jedes Tröpfchen oder Spritzerchen intensiv bewindet.

Im Laufe der Jahre und mit zunehmender Erfahrung wird jeder Schweißhund zum Arbeits-Individualisten. Meine letzte HS-Hündin pirschte sich förmlich die letzten paar Meter an das Wundbett heran, und ich wusste dann auch immer sehr genau, dass das Stück noch lebte und eine Hetze bevorstand. Das tat sie nie bei einem bereits verendeten Stück.

Man sollte den jungen Schweißhund ruhig am gefundenen Stück zausen lassen, jedoch jeden Versuch eines richtigen Anschneidens ruhig, aber bestimmt unterbinden. Bei gerechter Führung kommt der Schweißhund ja eigentlich nie zum Anschneiden: Entweder führt er am Riemen zum verendeten Stück – dann ist der Führer ja mit dabei und kann dies verhindern. Oder es kommt zur Hetze, der Hund stellt das kranke Stück, der Führer kommt heran und gibt den Fangschuss. Auch in diesem Falle ist er also wieder unmittelbar dabei und kann das Anschneiden verhindern. Es sind nicht die schlechtesten Hunde, die – nachdem sie ja „Beute gemacht" haben – auch ihren Magen füllen wollen. Daher sollte auch das „Genossen-Machen" nie vergessen werden. Bei nachgesuchten Sauen allerdings sollte man es besser lassen, sie könnten mit dem Virus der Aujeszkyschen Krankheit infiziert sein, deren Übertragung auf den Hund immer tödlich verläuft. Aus demselben Grund verwenden wir auch keinen Schweiß vom Wild- oder Blut vom Hausschwein für die Übungsfährten. Für den Menschen ist eine solche Infektion allerdings ungefährlich. Die meisten Hunde entheben den Führer allerdings einer solchen Infektionsgefahr, weil sie Leber oder Milz von der Sau gar nicht annehmen!

Oft fangen bereits junge Hunde an, „ihre" Beute zu verteidigen. Das sollte man nicht unbedingt fördern, sondern am besten einfach ignorieren. Bei meinem ersten HS-Rüden war ich auch zunächst über seine Verteidigungsschärfe begeistert, später weniger … Manchmal – insbesondere nach Hetzen – ließ er *mich* nicht einmal ans Stück, sondern fletschte unmissverständlich die Zähne. Dann machte ich aus dem Schweißriemen ein Lasso und fing ihn ein. Drei Meter vom Stück entfernt wurde er dann zum Lamm. Ich hätte damals in dieser Disziplin problemlos John Wayne in seinen Westernfilmen doubeln können.

Die Einarbeitung der vielseitigen Jagdhundrassen

Unter den „Hundlern“ wird seit längerer Zeit heftig und teilweise auch recht emotional darüber diskutiert, ob es Sinn macht, auch für die vielseitig einsetzbaren Jagdhundrassen den **Fährtenschuh** als Einarbeitungsmethode einzuführen, oder ob es bei der bisherigen Methode der **Tupf- oder Tropffährte** bleiben soll. Der Austausch der Argumente und des Pro oder Kontra führte im JGHV dazu, dass die Fährtenschuhfährte als selbstständige Prüfung gleichberechtigt neben der Tupf-/Tropffährte etabliert wurde. Für mich eigentlich unverständlich: sie wird von den Vorstehhund-führenden Jägern nur sehr zögerlich angenommen. Als Hauptgrund dafür hört man das Argument, dass das von dieser Rassegruppe am häufigsten nachgesuchte Rehwild aufgrund seines geringen Körpergewichts nur eine sehr geringe Bodenverwundung hinterlässt und man seinen Hund dann doch lieber auf den Schweiß als Richtschnur für seine Fährtenarbeit einstellt.

Vorab ein paar grundsätzliche Gedanken

So wie die Pointer und Setter im Paarhühnerfeld in Nasenleistung und exzellenten Vorstehbildern dem kontinentalen „Allrounder“ fast immer überlegen sind, so wird der im Feld, im Wasser und im Wald bei allen hier anfallenden

Einsatzbereichen eingesetzte vielseitige Jagdgebrauchshund sehr selten an die Leistungen der darauf jeweils spezialisierten Rassen heranreichen. Wäre das nicht so, dann brauchten wir diese Spezialisten ja überhaupt nicht. Der Retriever im Entenwasser, der Jagdterrier an den Sauen in nahezu undurchdringlichen Schwarzdornverhauen, der Wachtel und die Bracke als Stöberhunde bei weiträumigen Bewegungsjagden, der Teckel im Fuchsbau – sind diese Rassen in diesen ihren angestammten Einsatzbereichen nicht jagdlich brauchbar? **Man sollte die Schweißarbeit nicht zu dem Maßstab für die jagdliche Brauchbarkeit schlechthin machen.**

Ich weiß und betone das hier ausdrücklich, dass einzelne Vertreter nahezu aller Jagdgebrauchshundrassen hervorragende Leistungen auf der Wundfährte erbringen können, genauso wie es Schweißhunde gibt, die den Anforderungen, die man an einen Vertreter dieser Rassen mit Recht stellt, nicht gerecht werden.

Aber per Saldo ist es Fakt, dass der verantwortungsvoll gezüchtete und gerecht abgeführte Schweißhund **im Normalfall** dem Vertreter einer der vielseitig einsetzbaren Jagdgebrauchshundrassen in seinem Spezialgebiet überlegen sein wird. Es hat sich eingebürgert, jeden auf der Schweißfährte eingesetzten Jagdhund als „Schweißhund" zu bezeichnen. So wenig wie ein die Ente aus dem Wasser apportierender Kurzhaar dadurch ein „Apportierhund" (= Retriever) und aus einem vorstehenden Retriever ein „Vorstehhund" wird, wird aus einem auf der Wundfährte eingesetzten Stöber-, Vorsteh- oder Jagendem Hund ein Schweißhund. Wir sollten den Rassen, die seit Jahrhunderten auf eben diese Spezialistenarbeit gezüchtet wurden, ihr Authentizität belassen und nur diese als „Schweißhund“ bezeichnen, also „Hannoverscher Schweißhund“ und „Bayerischer Gebirgsschweißhund“, alle anderen bei Nachsuchen eingesetzten Jagdhunde sind „Nachsuchenhunde“, von mir aus auch noch „Schweißbracken“, wie sie schon von Ludwig-Benedikt Freiherr von Cramer-Klett genannt wurden.

Eines ist außerdem sicher unstrittig: Herausragende Leistungen eines Jagdgebrauchshundes (Rasse einerlei) bei der Schweißarbeit wird nur der Hund zeigen, der darauf spezialisiert wurde. Häufiges freies Jagen und konzentrierte Riemenarbeit schließen sich sozusagen gegenseitig aus.

Dem „Normaljäger“ genügt es aber in aller Regel, wenn sein Hund den am Abend beschossenen, gerade noch mit einem guten Schuss in die nahe Dickung geflüchteten Rehbock auf verhältnismäßig frischer Fährte findet und auch die Sau, auf deren Anschuss die halbe Lunge liegt. Nur so ist deren volle Verwertbarkeit nach den Vorgaben der Wildbrethygieneverordnung gesichert. Würde eine solche „Bergehilfe“ auf den nächsten Morgen (nach einer warmen Sommernacht) mangels eigenem vierbeinigem Helfer verschoben werden und ein erprobter Nachsuchenhund erst von weither geholt werden müssen, brauchte man sich um die Verwertung des Wildbrets keine Gedanken mehr zu machen.

Wenn der Jäger seinen vielseitig einsetzbaren Jagdhund auch für die leichtere Schweißarbeit einsetzen möchte, muss oder sollte er ihn auch darauf vorbereiten, d.h. einarbeiten. Es spricht vieles dafür, auch einen solchen Hund auf der **Fährtenschuh-Fährte** einzuarbeiten. Wer sich dafür entscheidet, für den ist alles dazu im vorigen Kapitel beschrieben.

Gängige Praxis ist jedoch überwiegend noch die Einarbeitung auf der mit Schweiß oder Blut hergestellten künstlichen Schweißfährte.

Zur Technik der Einarbeitung

„Man nehme" zur **Tupffährte** ein kleines Gefäß mit einer großen Öffnung und fülle es mit aufgetautem Wildschweiß. Diesen hat man sich zuvor beim Aufbrechen eines Stückes

Das sind die notwendigen Utensilien zur Herstellung von konventionellen künstlichen Schweißfährten: ein Stock mit Schwamm und ein Behälter für den Schweiß der Tupffährte, eine entsprechend präparierte Flasche mit Schweiß für die Tropffährte (Foto: Erich Marek).

Herstellung einer künstlichen Schweißfährte mit auf den Boden *getupftem* Schweiß (Foto: Erich Marek).

Wild aus dessen Kammer (nachdem man das Zwerchfell an den Rippen abgeschärft hat) herausgeschöpft und zu Hause sofort tiefgefroren.

Man nehme weiter einen etwa meterlangen Stock und befestige an einem Ende ein kleines Schwämmchen, so etwa 2 x 2 x 2 cm reichen schon. Nun wird der künstliche Anschuss mit Schweiß, Schnitthaaren und vielleicht noch Organteilen (Milz, Lunge oder Leber) „hergestellt", und von hier aus beginnt die „Wundfährte".

Bei einem noch jungen Hund wird man bei **jedem Schritt** das schweißgetränkte Schwämmchen auf den Boden auftupfen, später dann nur noch bei jedem **zweiten** oder gar **dritten Schritt.**

Bei der **Tropffährte** nehme man eine kleine Flasche, fülle den Schweiß hinein und verschließe sie mit einem Korken, in

den man zuvor eine Kerbe hineingeschnitten hat. Durch dieses kleine Loch im Korken kann man den Schweiß dosiert auf den Boden abtropfen lassen. Man sollte auch einige **Wundbetten** in den Fährtenverlauf einbauen. In diesen wird der Boden festgetreten, dann werden Haare/Borsten und vermehrt Schweiß hinzugegeben.

Herstellung einer künstlichen Schweißfährte mit auf den Boden *abgetropftem* Schweiß. Allerdings verklebt bei dieser Konstruktion häufig das Röhrchen durch geronnenen Schweiß, *man sollte deshalb immer einen weichen Draht zum Durchstoßen der Verklebung mitführen* (Foto: Erich Marek).

Auf ein Blatt aufgetupfter Schweiß (Foto: Erich Marek).

Man kann im fortgeschrittenen Stadium auch einen oder mehrere Widergänge einbauen, indem man – wie der Feisthirsch beim „Kirchgang" – in der Fährte wendet, ein Stück zurückgeht und die Kunstfährte dann mit dem Wind rechtwinklig zum bisherigen Fährtenverlauf weiterführt.

Die Verleitungssicherheit kann man auch dadurch „trainieren", dass man an besonders markanten Stellen des Fährtenverlaufs beispielsweise ein totes Kaninchen über die Fährte schleppt oder schleppen lässt. Hier kann man dann sofort eingreifen und ein Changieren auf diese verlockende Verleitung im Ansatz unterbinden und dem Hund „verunannehmlichen". Wirklich zuverlässig ist nur der Hund, der sich auch durch solche massiven Verleitungen nicht vom Pfad der Tugend abbringen lässt und unbeirrt „seiner" Fährte folgt.

Die weitaus meisten Hunde, die auf den Verbandsschweißprüfungen erfolglos ausscheiden, scheitern an den Verleitungen und nicht an mangelnder Nasenleistung, Witterung oder ähnlichen Widrigkeiten. Insofern ist die Verleitungssicherheit das A und O der Einarbeitung auf der Kunstfährte.

Widergang und Kaninchenverleitung kann beziehungsweise sollte man natürlich sowohl auf den Fährtenschuh-Fährten als auch auf den Tupf-/Tropffährten „einbauen".

Anfänglich sollte die Kunstfährte vielleicht - je nach Witterung - drei bis fünf Stunden stehen. Später sollte diese Fährte dann schon 24 oder im letzten Stadium über 40 Stunden alt sein. Ebenso wird die Länge dieser Fährte kontinuierlich gesteigert, von zunächst vielleicht 100 oder 200 Metern bis zu einem oder gar zwei Kilometern. Am Ende liegt im Regelfalle eine Decke oder Schwarte der Wildart, von der auch der Schweiß stammt. Unter dieser Decke sollte man eine „konkrete Belohnung" in Form von Leberwurst oder sonstigen Leckerbissen deponieren. Wenn man seinen Hund zuvor einen Tag lang hat hungern lassen, wird ihn diese Form der „Beute" ungeheuer motivieren. Daraus folgt auch, dass man nicht häufiger als maximal einmal pro Woche üben sollte, schon um seinem Hund die ganze Schweißarbeit nicht allzu sehr zu verleiden, so dass sie ihm regelrecht „zum Halse heraus" hängt.

In Wildkörperhöhe an der Vegetation angebrachter Schweiß fördert das „Verweisen" (Foto: Erich Marek).

Auch die **Lungenschleppe** ist eine erprobte Einarbeitungsmethode. Ein Stückchen getrocknete Lunge wird an einen Bindfaden befestigt, dessen anderes Ende man an seinen eigenen Gürtel bindet. Man geht nun einfach los und lässt dieses Lungenstückchen über den Boden schleifen beziehungsweise „tanzen". Diese Lungen-Fährte ist mit dem Auge kaum zu kontrollieren, sie ist jedoch für den erfahrenen Hund überhaupt kein Problem.

Bei den Verbandsschweißprüfungen des Jagdgebrauchshundverbandes wird auf einen Kilometer Fährtenlänge ein viertel Liter Schweiß ausgebracht. Man sollte sich gegen Ende der Einarbeitung seines Hundes auch daran orientieren. Die Fährtenlänge sollte zum Schluss deutlich über einen Kilometer lang sein, vor allem dann, wenn man seine eigene und seines Hundes Mühe und sein Können durch eine Nennung zu einer Verbandsschweißprüfung honorieren möchte. Auch Hunde haben ein Gefühl für Entfernungen. Wer aus Bequemlichkeit seine Fährte immer nach einem halben Kilometer enden lässt („wenn er einen halben Kilometer sauber arbeitet, wird er sicher auch einen ganzen Kilometer packen"), der darf sich nicht wundern, wenn sein Hund bei der Verbandsschweißprüfung nach 500 bis 600 Metern Fährtenlänge streikt („Bisher lag das Stück immer nach dieser Strecke – ich nehme an, es ist geklaut worden ..., wau!").

Auch wer seinen Hund nicht zum Super-Nachsuchenspezialisten abführen möchte, die Arbeit auf der Kunstfährte zwingt den Hund, sich zu konzentrieren und seine Nase zu gebrauchen. Das lohnt sich allemal.

Foto: Bernd Krewer

Die Nachsuche bei Organtreffern

Hier sind die Nachsuchen angesprochen, bei denen auf dem Anschuss Organteile gefunden werden. Der jeweilige Sitz der Kugel ist also absolut eindeutig.

Beim **Rehwild** bedeutet dies – von extrem seltenen Ausnahmen einmal abgesehen – dass das beschossene Stück mit an Sicherheit grenzender Wahrscheinlichkeit nach kurzer Zeit verendet ist, wenn auf dem Anschuss und/oder auf den ersten paar Metern der Fluchtfährte Lungenteilchen, Leber, Milz oder Pansenstücke oder Teile des kleinen Gescheides liegen.

In einem solchen Falle spielt der **Tierschutz** keine Rolle (mehr), sondern nur noch die Frage, ob man das verendete Stück so rechtzeitig findet, dass es noch verwertet werden kann.

Beim **Schwarzwild** müssen wir da schon etwas mehr differenzieren. Bei einem eindeutigen Lungenschuss mit entsprechenden Pirschzeichen am Anschuss wird die beschossene Sau ebenfalls nach kurzer Fluchtstrecke verendet sein. Ein Leber-, Milz- oder Weidwundschuss kann aber bedeuten, dass die Sau nach Stunden noch lebt und es sogar noch zu einer Hetze kommt.

Ähnliches gilt für die **übrigen Schalenwildarten.** Es hängt hier vieles mit der jeweiligen Körpergröße des beschossenen Stückes zusammen, mit dem verwendeten Kaliber und

Geschoss und auch noch damit, ob der Adrenalinspiegel infolge Brunft oder bereits langer Fluchtstrecke bei winterlichen Bewegungsjagden mit Hunden sehr hoch ist.

Beim verhältnismäßig „weichen“ Rehwild ist es – wie dargelegt – egal, ob ich einen Pekinesen oder einen Bayerischen Gebirgsschweißhund zur Nachsuche einsetze. Die berechtigten Forderungen des Tierschutzes, die Leiden eines verletzten Tieres so rasch wie möglich zu beenden, greifen hier nicht mehr. Das Tier ist ja bereits tot.

Bei den anderen Wildarten trifft dies in der Regel nur dann zu, wenn es sich eindeutig um Lungentreffer handelt. Ich muss hier auch den berühmt-berüchtigten „Hohlschuss“ ansprechen, an den ich selbst nie geglaubt habe, bis ich ihn selbst einmal erleben musste:

Ein Brunfthirsch wurde in meinem Beisein von einem Jagdgast auf relativ kurze Entfernung beschossen, er brach zusammen und walkte den Hang hinunter, bis er an einer stärkeren Eiche hängen blieb. Wir gingen heran und ich sah genau den Schuss im hohen Blattbereich. Da wurde der Hirsch blitzartig hoch und ging hochflüchtig ab – wir haben beide wohl keine besonders intelligenten Gesichter gemacht. Mit drei Schweißhunden (nacheinander) versuchten wir vergeblich, diesen Hirsch zu finden. Er schien sich in Luft aufgelöst oder Flügel bekommen zu haben. Genau einen Monat später sah ich diesen Hirsch wieder, sehr abgekommen zwar, aber doch noch im Vollbesitz seiner Kräfte und Sinne. Ich erlegte ihn – die erste Kugel war ihm unter der Wirbelsäule durchgefahren, ja hatte diese unten offenbar gestreift. Sie steckte auf der Ausschussseite unter der Decke an einer Rippe.

Dass Leberschüsse beim Schwarzwild sogar ausheilen können, habe ich zwar nicht selbst erlebt, das hat mir aber mein väterlicher Freund Herbert Bansen glaubhaft versichert. Er suchte einmal einen starken Keiler nach, auf dessen Anschuss eine Leber-„Kante“ lag. Er konnte diese Sau mit seinem Schweißhund nicht zur Strecke bringen. Wochen später wurde diese Sau durch die Kugel eines anderen Jägers erlegt, die Wunden in der Schwarte und an der Leber waren sauber verheilt!

Bei Leber- und Weidwundschüssen bei Sauen muss der Hundeführer damit rechnen, dass er aus dem letzten Wundbett vehement angenommen wird oder aber dass die Sau ihn angreift, wenn er sich für diese sicht- oder witterbar dem Standlaut nähert. Meine Hunde (Hannoversche Schweißhunde und Deutsche Jagdterrier) wurden weitaus häufiger von Sauen mit solchen Schüssen verletzt als von „nur“ laufkranken Stücken.

Zum Rehwild ist das Notwendige gesagt, zum „normalen“ Lungenschuss bei den übrigen Schalenwildarten auch. In allen anderen Fällen ist der Jäger nur dann auf der sicheren Seite, wenn er zur Nachsuche einen Jagdhund einsetzt, der nach ererbter Anlage und erlerntem Können diese Suche auch erfolgreich zu Ende bringen kann. Er muss zwingend die im Kapitel *„Für die Nachsuche geeignete Jagdhundrassen“* dargelegten Grundvoraussetzungen mitbringen.

Die Nachsuche bei sonstigen Treffern

Gibt der Anschuss nichts her oder weist er sogar aus, dass mit einer schwierigen Nachsuche zu rechnen ist – wenn beispielsweise Röhrenknochensplitter dort zu finden sind –, dann darf unter keinen Umständen mit einem ungeeigneten oder unerfahrenen Hund „probiert“ werden. Jeder Hund, den ich auf einem solchen Anschuss ansetze, muss von seinen ererbten Anlagen *und* seinem erlernten Können her in der Lage sein, diese Nachsuche auch zu meistern. Auch wenn ich mich wiederhole: Ein Zwergteckel wird aufgrund seiner kurzen Läufe einen Hirsch mit Laufschuss kaum zur Strecke bringen können, und ein Retriever wird wegen mangelnder Wildschärfe und fehlendem Laut bei einer Nachsuche auf eine starke Sau mit Keulenschuss ebenso überfordert sein.

In all diesen Fällen ist der Spezialist gefordert, entweder also ein Schweißhund oder ein „vielseitiger Jagdgebrauchshund“, der jedoch auf die Schweißarbeit spezialisiert wurde.

Es kann nun durchaus einmal passieren, dass es Ihnen trotz aller Bemühungen nicht gelingt, einen der Schweißhundführer Ihres Hegeringes oder Ihrer Kreisgruppe zu bekommen. Vielleicht sind alle nach einer schussdurchpeitschten Vollmondnacht „ausgebucht“, sie sind in Urlaub oder vielleicht dienstlich unabkömmlich und daher verhindert.

Dann – aber nur dann – ist es zu verantworten, wenn Sie mit Ihrem unerfahrenen Hund **am Riemen** versuchen, die Wundfährte voranzubringen. Keinesfalls dürfen Sie Ihren Hund am Anschuss schnallen, auch wenn die Botanik dort, wohin das beschossene Wild geflüchtet ist, eher unangenehm ist (Schwarzdorn oder Ginster + Brombeere beispielsweise).

Auch hier muss ich mich wiederholen:

Nur der Schweißriemen zwingt den Hund zu der Konzentration, die nötig ist, einer kalten und nicht oder kaum schweißenden Wundfährte zu folgen.

Dies gilt allerdings nicht, wenn Sie selbst eine **Hündin** haben und diese gerade in der Hitze ist. Der vielleicht nachher eingesetzte Schweißhund**rüde** wird in einem solchen Fall sehr viel Mühe haben, seine Hormone unter Kontrolle zu bringen und manchmal geht dann auf der Wundfährte gar nichts mehr!

Wenn es Ihnen gelungen ist, ein erfahrenes Spezialistengespann zu bekommen, dann sollten Sie jede gewünschte und notwendige Hilfestellung geben. **Sie sind revierkundig,** der Schweißhundführer ist es in den meisten Fällen nicht. **Sie kennen die in der Fluchtrichtung des kranken Stückes liegenden Dickungen**, der Schweißhundführer kennt diese ebenfalls meistens nicht, es sei denn, Sie gehören zu seinen besonders guten „Kunden". Es ist also schon von daher zwingend notwendig, dass Sie an der von Ihnen verursachten Nachsuche auch selbst bis zum (manchmal bitteren) Ende teilnehmen.

Sie können sich über die genaue Revierkenntnis hinaus auch sonst noch nützlich machen: Sie können den gefundenen oder vom Schweißhund verwiesenen Schweiß mit Farbbändchen, Papiertaschentüchern oder simplem Klopapier „verbrechen“ und/oder den „Loshund“ nachführen.

Viele Schweißhundführer arbeiten gerade an Sauen mit einem Doppelgespann: Der Schweißhund arbeitet am Riemen die Fährte aus und für die Hetze wird ein zweiter Hund – sehr häufig ein Jagdterrier – nachgeführt. Das ist eine sehr effektive Kombination, und auch ich habe sie über viele Jahre praktiziert. Der doch etwas schwere Hannoversche Schweißhund kann einer annehmenden starken Sau im dichten Schwarzdorn eben häufig nicht schnell genug ausweichen und wird dann u. U. geschlagen. Der sehr viel wendigere Jagdterrier ist da weit weniger gefährdet, wenn es auch manchmal vorkommt, dass auch der Jagdterrier nach der Hetze zum Tierarzt muss. Aber er setzt dem Schlag des Keilers doch weniger Körpermasse entgegen und seine Verletzungen sind aus diesem Grund meist weniger schwer, als wenn die Sau den Schweißhund geschlagen hätte.

Ich habe es meist so gehalten, dass ich **nur** den Jagdterrier schnallte beziehungsweise schnallen ließ, wenn es sich nach Lage der Dinge um eine stärkere Sau (ab etwa 50 Kilogramm aufwärts) handelte. Bei schwächeren Sauen „gönnte“ ich dem Schweißhund das Vergnügen der Hetze **zusammen** mit dem Terrier. Meine letzte Schweißhündin war stets deutlich „verstimmt“, wenn sie einmal am Riemen bleiben musste, weil die Sau zu stark und/oder dieselbe in einen der moseltypischen, nahezu undurchdringlichen Schwarzdornverhaue geflüchtet war. Und ich wollte ihr natürlich die Lust nicht nehmen.

Es sollte eigentlich absolut jedem Jagdscheininhaber klar sein, dass stets und immer nur der Schweißhundführer dem gestellten Stück den Fangschuss gibt.

Diese Regel sollte zum Grundwissen eines jeden Jägers gehören und wer eine solche Frage bei der Jägerprüfung falsch beantwortet, dem sollte der Jagdschein verweigert werden!

Sollte einmal von dieser Grundregel abgewichen werden, dann muss dies vorher klar und eindeutig zwischen Hundeführer und Begleitmannschaft abgesprochen sein.

Es kann solche Fälle geben - bei einer Sau mit Gebrechschuss beispielweise. Eine solche Sau stellt sich dem hetzenden Hund nur selten oder nie und man bekommt sie eigentlich - wenn überhaupt - nur durch Abstellen aller Dickungen, in die eine Sau mit einem solchem Schuss eingewechselt ist, durch die Jäger der Begleitmannschaft.

Ein zweifelsfrei in einem solchen Fall als krank angesprochenes Stück muss auf jede Entfernung und - wenn es nicht anders geht - auch spitz von hinten beschossen werden! Das ist dann weder unweidmännisch noch tierschutzwidrig. Es geht ja nur darum, das ohnehin kranke Wild durch einen weiteren Schuss vielleicht fluchtunfähig zu machen und so die Chance, es schnell von seinen Leiden und Schmerzen zu erlösen, zu vergrößern. Und dabei darf die Wildbretver- oder Wildbretentwertung erst recht keine Rolle spielen.

Wenn zwei Hunde das kranke Stück stellen (wie hier ein Hannoverscher Schweißhund und ein Deutscher Jagdterrier), dann kann der Fangschuss zu einer sehr heiklen Angelegenheit werden. Daher darf ausschließlich der Hundeführer und niemand anderer den Fangschuss antragen (Foto: Bernd Krewer).

Der Regelfall ist, dass sich ausschließlich der Hundeführer dem Standlaut nähern und den Fangschuss antragen darf.

Er muss sicher sein können, dass nicht von der anderen Seite ein anderer Jäger mit derselben Absicht den Standlaut angeht und den Fangschuss antragen möchte.

Es ist normalerweise auch Sache des Jagdausübungsberechtigten, der den Schweißhundführer angefordert hat, etwaige Jagdnachbarn von einer grenzüberschreitenden Nachsuche in deren Revieren zu verständigen, sofern es dort nicht offizielle oder freiwillige Regelungen für revierübergreifende Nachsuchen gibt. Im Handy-Zeitalter ist es ja überhaupt kein Problem, an der Reviergrenze, deren Verlauf im Normalfalle zwar der Jagdpächter, nicht aber der Schweißhundführer kennt, den angrenzenden Jagdausübungsberechtigten oder seinen örtlichen Beauftragten schnell zu verständigen.

Alles in allem: Dem Schweißhundführer muss jede Hilfestellung gegeben werden, die die Aussicht auf einen Erfolg der Nachsuche verbessert.

Nachsuchen nach Bewegungs-/ Gemeinschaftsjagden

Nachsuchen nach größeren Bewegungs-/Gesellschafts-/ Gemeinschaftsjagden – oder wie immer man diese Jagden nennen mag – sind umso schwerer, je mehr frei jagende Hunde dabei zum Einsatz kamen und je mehr Wild vorgekommen ist, also in der bejagten Fläche gestanden hat.

Bereits bei der Planung kann die Jagdleitung einiges tun, um einen ordnungsgemäßen Nachsucheneinsatz sicherzustellen und die Erfolgsquote zu erhöhen.

Die Bewegungsjagd – einigen wir uns auf diesen Begriff, der alle oben genannten Varianten einschließt – sollte spätestens um 14 Uhr, besser noch um 13 Uhr beendet sein. Jeder Riegenführer (Rottenführer, anstellender Schütze) meldet beim Abholen seiner Schützen per Handy etwaige Nachsuchen in seiner Riege einem „Beauftragten für die Nachsuchen", der diese zusammenstellt und koordiniert. Dieser revierkundige Beauftragte hat – ebenso wie jeder Riegenführer – eine Revierkarte, in der alle Stände mit Nummern eingetragen sind. Der Riegenführer markiert jeden Anschuss weithin sichtbar mit einem Farbband, Papiertaschentuch oder Ähnlichem. So weiß spätestens eine halbe Stunde nach Beendigung der Jagd der Nachsuchen-Koordinator, in welcher Riege und von welchem Stand aus nachzusuchen ist. Natürlich wird ihm auch die Wildart und etwaige Beobachtungen (beschossenes Stück war alleine oder in Rudel/Rotte, ein etwaiges Zeichnen, hörbarer

Standlaut in der Nähe, aber vom Schützen nicht einsehbar u.s.w.) mitgeteilt.

Die Hunde, die nunmehr drei oder vier Stunden gejagt haben, scheiden für jeden ernsthaften Nachsucheneinsatz aus! Sie sind müde und haben in der warmen Körperwittrung des flüchtenden Wildes gejagt - und nun sollen sie mit tiefer Nase einer erkaltenden Wundfährte folgen. Damit ist jeder Hund überfordert. Noch schwerer wiegt aber, dass diese Hunde auf den gesunden Fährten mehr oder weniger oft zum Erfolg gekommen sind - wenn das gejagte Stück vor dem Hunde von einem Jäger erlegt wurde und der Hund so auf der Gesundfährte zum verendeten Stück kam. Ein solcher Hund wird wahrscheinlich aus diesem Grunde von der kalten Wundfährte auf jede frische gesunde Verleitfährte changieren.

Die Jagdleitung muss sich daher bereits bei der Jagd-Planung um erfahrene Nachsuchengespanne bemühen und sollte diese auch zur Jagd als aktive Jagdteilnehmer einladen. Sie meinen, das wäre selbstverständlich? Irrtum! Es ist schon vorgekommen, dass ein Schweißhundführer gebeten wurde, sich am Tag X ab 13 Uhr für etwaige Nachsuchen bereitzuhalten! So ein Verhalten einer Jagdleitung degradiert den Schweißhundführer zu einem Jäger zweiter Klasse und ist sicher nicht akzeptabel. Die Jagdleitung sollte bei der Planung großer Bewegungsjagden auch bedenken, dass die örtlichen Schweißhundführer in Vollmondperioden meist durch die Mondscheinanschüsse bereits voll ausgebucht sind. Es empfiehlt sich schon deshalb, solche jagdlichen Unternehmungen außerhalb der Vollmondzeiten zu planen.

Nach großräumigen Bewegungsjagden wird nur der Hund zum Erfolg kommen, der verleitungssicher ist. Überall ist noch gesundes Wild auf den Läufen, auch einige Hunde (die „Fernaufklärer“ beispielsweise) sind noch unterwegs – das alles macht dem Schweißhund die Arbeit nicht gerade leichter.

Es wäre ideal, wenn sich auch der jeweilige Schütze für die von ihm verursachte Nachsuche zur Verfügung stellen würde. Leider gehört das, was eigentlich selbstverständlicher jagdlicher Anstand wäre, zu den extrem seltenen Ausnahmen. Bei der Abwägung *leckeres Schüsseltreiben in der trockenen und warmen Kneipe* oder *Kriechen durch nasse Dickungen* siegt in den allermeisten Fällen der Magen, und das Verantwortungsgefühl gegenüber dem kranken Wild bleibt auf der Strecke.

Es ist sinnvoll, die Nachsuchen am Jagdtag, also unmittelbar nach dem Ende der Jagd in den noch verbleibenden zwei oder drei Stunden, auf die Suchen zu beschränken, bei denen der Anschuss ausweist, dass dieses Stück vermutlich bereits verendet, also eine Totsuche zu erwarten ist. Wir haben eine sehr strenge Wildbrethygieneverordnung und nach dieser wäre ein erst am Folgetag nachgesuchtes und gefundenes Stück, das bis dahin vielleicht 20 Stunden verendet und unaufgebrochen im Walde gelegen hat, reif für die Tierkörperbeseitigungsanstalt und nicht mehr geeignet für den Kochtopf.

Schwierige Nachsuchen, also beispielweise Lauf-, Krell-, Keulen- und sonstige Schüsse „außerhalb des Lebens“ heben wir uns für den Folgetag auf. Zum einen ist bis dahin wieder Ruhe in die Region eingekehrt und die vielen gesunden Fluchtfährten sind „verblasst“. Zum anderen hat auch ein Stück mit einem Laufschuss (als Beispiel) nach 20 Stunden Fieber und wird sich bei der Hetze dem Hund sehr viel rascher stellen als nach vielleicht zwei Stunden, nachdem ihm dieser Schuss beigebracht wurde. Natürlich ist eine zweifelsfreie Ansprache des Sitzes der Kugel auf dem Wildkörper gerade bei solchen Jagden oft nicht möglich, aber wenn man bei einer Vielzahl von Anschüssen nach „Totsuchen“ und „Suchen mit zu erwartenden Hetzen“ differenzieren kann, dann sollte man so verfahren wie beschrieben.

Gelegentlich kreuzt der Schweißhundführer bei solchen Nachsuchen andere Wundfährten, und es ist auch schon vorgekommen, dass ein Krellschuss-Frischling angesucht wurde und am Ende ein nicht freigegebener Kronenhirsch auf der Strecke lag, weil der Hund von der wenig Wundwittrung abgebenden Saufährte auf die Hirschfährte changierte. Oft ist dann der „Jäger“, dem beim Anblick des Hirsches sämtliche Sicherungen durchbrannten, kaum noch zu ermitteln, es sei denn, man kann seinen Hund dazu bewegen, die Wundfährte rückwärts - also vom Hirsch zum Anschuss - zu arbeiten. Solche Anschüsse werden aus naheliegenden Gründen auch nicht dem zuständigen Riegenführer gemeldet. Dieses Rückwärts-Arbeiten einer Wundfährte machen allerdings nur sehr wenige Hunde. Keiner meiner acht Hannoverschen Schweißhunde war trotz etlicher Versuche in ähnlichen Situationen, wie vorhin beschrieben, dazu zu bewegen.

Oft kommt der Schweißhundführer mit seinem Hund auf einer Wundfährte zu einer Stelle, an der das nachgesuchte kranke Stück von einem anderen Jäger während der Jagd bereits erlegt worden ist. Viele Jäger verschweigen die Tatsache, dass sie ein bereits erkennbar krank heranziehendes Stück nur noch per Fangschuss ins Jenseits befördert haben, weil sie doch so gerne vom Jagdherrn/Jagdleiter an der Strecke einen Bruch bekommen möchten. Manche Nachsuche und manche nasse Dickung könnte man dem Hundeführer ersparen, wenn die Jäger da ehrlicher wären.

Nachsuchen nach Bewegungsjagden sind immer sehr viel schwieriger als „normale" Nachsuchen, die auf Ansitz oder Pirsch verursacht wurden. Daher sind hier nur die wirklichen Spezialisten gefragt, nicht die Gelegenheitsnachsucher und erst recht nicht die während einiger Stunden müde gejagten Stöberhunde.

Ausrüstung des Schweißhundführers

Auch bei der Ausrüstung des Schweißhundführers hat sich in den vergangenen zehn Jahren und auch seit der Erstauflage dieses Büchleins mehr ge- und verändert als in den hundert Jahren davor. Der traditionelle Loden wurde durch Faserpelz, Goretex oder Ähnliches ersetzt und die breite Leder-Schweißhalsung durch ein Brustgeschirr. Aber gehen wir der Reihe nach vor und fangen beim Kopf an.

Die beliebteste **Kopfbedeckung** ist immer noch die Baschlikmütze, die auch ich mein Leben lang getragen habe. Aber es gibt auch Hundeführer, die einen Südwester bevorzugen. Also, beim Kopf sind der Fantasie und dem persönlichen Geschmack jedes Hundeführers keine Grenzen gesetzt. Die Kopfbedeckung sollte halt nur fest sitzen, sonst muss er sich in jeder Dickung alle paar Meter bücken, um sie aufzuheben, weil ein Ästchen sie ihm vom Kopfe geholt hat.

Manchmal wird das Tragen einer **Schutzbrille** empfohlen. Mit diesem Instrument konnte ich mich nie anfreunden; eine Steinschlag-Schutzbrille nimmt so viel Licht, dass man in einer dunklen Dickung kaum noch die kleinen Schweißspritzer erkennen kann und eine Motorradbrille wird sehr bald innen beschlagen sein, und dann sieht man auch wieder nichts oder jedenfalls zu wenig.

Bei jeder längeren Nachsuche wird der Hundeführer unweigerlich ins Schwitzen kommen. „Nass“ wird man also in jedem Fall, entweder von außen durch eventuellen Regen oder von innen durch den eigenen Schweiß.

Das ist sozusagen die Grundausrüstung: ein acht bis zwölf Meter langer Schweißriemen aus Kunststoff oder gummiertem Leinen und ein Brustgeschirr. Zusätzlich trägt unser Nachsuchenhund eine Gummi-Signalhalsung, auf der der Name mit Anschrift des Hundeführers (außen) und seine Telefonnummer (innen) mit einem wasserfesten Stift aufgeschrieben sind. Außerdem trägt unser Schweißhund noch die Halsung mit dem Sender des Telemetriegerätes.

Ich habe es mit der **Kleidung** wie folgt gehalten und bin immer ganz gut dabei gefahren:

Bei relativ hohen Außentemperaturen und trockenem Wetter hatte ich über der Unterwäsche nur einen einteiligen Bundeswehr-Overall an. Der hatte eine Unmenge Taschen, in denen ich alles unterbringen konnte, was man so im Laufe der Nachsuche brauchen konnte, von den Reservepatronen bis zum Schweiß-Markierungsband. Dieser Overall war sehr leicht und ich habe ihn sehr gerne und wann immer es ging getragen.

In den Wintermonaten und im Sommer bei starkem Regen „verkleidete" ich mich dann als Waldarbeiter: Ich trug eine etwas dickere Latzhose und darüber eine Jacke aus relativ wasserdichtem Material.

Aber - wie schon gesagt - nass war ich nachher immer, so gut wie immer von innen, manchmal auch von außen und oft genug durch Regen *und* Schweiß.

Heute hat der Schweißhundführer eine große Auswahl an für Nachsuchen geeigneter Kleidung und es hat sich durchaus bewährt, dass diese sehr auffällig eingefärbt ist. Das Foto auf Seite 2 zeigt die bewährte Kleidung eines nahezu täglich „beschäftigten" Schweißhundführers.

Wem es nichts ausmacht, dem seien **Gummistiefel** empfohlen. Ich trug und trage sie auch heute noch nicht sehr gerne. Oft genug kennt man ja die Gegebenheiten in dem Revier, in das man zur Nachsuche gerufen wird, und weiß, ob man mit mehr trockenen oder mehr feuchten Verhältnissen zu rechnen hat. Ist mit moorigen Partien oder Bächen zu rechnen, dann sind Gummistiefel natürlich die erste Wahl. Aber es sollten tatsächlich **Gummi-**Stiefel und keine Kunststoffstiefel sein. Vor allem die Sohle darf keinesfalls aus Kunststoff bestehen, auf diesem Material rutscht man auf feuchtem Untergrund, womöglich noch im Steilhang, wie auf Schmierseife. Eine echte Gummisohle mit starkem Profil muss es der eigenen Sicherheit wegen schon sein.

Ich habe allerdings meist hohe, über den Knöchel reichende **Schuhe** mit einer starken Bergprofil-Sohle getragen. Man hat in ihnen doch mehr Halt, und ich fühlte mich in steilem Gelände mit ihnen und in ihnen immer sehr viel sicherer. Es ist das alles halt eine Frage der Topografie und der Feuchtigkeit.

Arbeitshandschuhe (wie sie auch die Waldarbeiter tragen) sind ein absolutes Muss. Lange Stulpen sind dabei vorteilhaft, sie verhindern das Eindringen von Ästchen und Nadeln und schützen zudem vor Verletzungen. Muss es mit dem Schießen einmal sehr schnell gehen, kann man sie einfach wegschleudern. Sie sollten daher nie zu knapp, sondern eher locker sitzen.

Schweiß und sonstige Pirschzeichen, die man so im Verlauf der Wundfährte findet, markiert man am besten mit schockfarbenem **Markierungsband**, das man im Forstversandhandel bekommen kann.

Reservepatronen sind sehr wichtig, man weiß ja nie, wie viele man eventuell brauchen wird. Ein kluger Mann hat einmal gesagt:

„Es gibt drei Dinge im Leben, deren Anfang jeder kennt, deren Ende aber nie absehbar ist: Ehe, Krieg und Nachsuche!"

Man sollte seine Reservepatronen wasserdicht einpacken. Ich habe sie immer in einer kleinen Plastiktüte gehabt, die in einer absolut sicher zu verschließenden Tasche (möglichst Reißverschluss) untergebracht war.

Das **Nachsuchengewehr** wird extrem stark beansprucht. Es gibt ja heute diese wunderbaren „Offroad-Schäfte" aus Kunststoff, und wer es sich leisten kann, der sollte sich eine so geschäftete Büchse zulegen. Ein „normaler" Holzschaft muss häufig geölt werden, ganz besonders in den Wintermonaten. Schnee beziehungsweise Schneewasser laugen das Holz förmlich aus und dagegen kann man nur mit einem guten Schaft-Öl ankämpfen.

Der Lauf unseres Nachsuchengewehres sollte so kurz wie möglich sein. Er darf beim Tragen unserer Büchse auf dem Rücken keinesfalls über die linke Schulter hinausragen, weil man sich sonst in jeder Dickung und an jedem zweiten Ast festhängt. Und das nervt!

Es kommt uns ja auch gar nicht auf ein sehr präzises Schussergebnis an, die weitaus meisten Fangschüsse werden auf Entfernungen zwischen fünf und zwanzig Metern

Ein kurzer Nachsuchen-Repetierer in einem Kaliber nicht unter acht Millimeter und einem Rucksack-Gewehrriemen, dazu ein feststehendes Messer für den Fall, dass das kranke Stück abgefangen werden muss – und passende Patronen. Und dann noch die Kopfbedeckung, Handschuhe und der Empfänger des Telemetriegerätes (Foto: BERND KREWER).

abgegeben – so jedenfalls meine Erfahrung. Und dafür reicht ein Lauf von vielleicht 45 Zentimeter Länge allemal.

Die Riemenbügel sollten seitwärts, also auf der dem Kammerstängel gegenüber liegenden Seite, angebracht sein. Das Gewehr liegt so flach auf dem Rücken auf, und das ist sehr viel angenehmer als wenn die Gewehrunterseite auf den Rücken drückt.

Während der Nachsuche hatte ich meine 98er Nachsuchenbüchse stets *unterladen, gespannt und gesichert!* Das Magazin war also randvoll mit Patronen, aber es war keine im Lauf. Und es konnte sich auch das Schloss nicht öffnen, weil die Flügelsicherung den Kammerstängel blockierte. Dennoch war ich in Sekunden schussbereit, wenn es denn überraschend notwendig werden sollte.

Ich führte während meiner gesamten Zeit als aktiver Schweißhundführer eine 98er Repetierbüchse mit abgesägtem Lauf, die mich nie im Stich gelassen hat. Ein sehr grobes Fluchtvisier half mit, sogar in der dunkelsten Dickung sofort den richtigen Haltepunkt zu finden. Sie war gleichermaßen Schuss-, Stoß- und Schlagwaffe und wenn ich eine Sau auf Nahkampfentfernung tatsächlich einmal vorbeigeschossen habe, dann hatte ich sie zumindest angesengt. Aus der Laufmündung kam immer ein gewaltiger Feuerstrahl.

Meine Nachsuchenbüchse hatte das **Kaliber** 8 x 57 JS und ich war damit sehr zufrieden. Ich verwendete fast nur die „alten“ Teilmantel-Rundkopf-Geschosse. Ich machte auch einmal einen zeitlich kurzen Abstecher zur Vollmantelpatrone, die zwar weniger Schockwirkung hat, dafür aber den stellenden Hund nicht durch Splitter gefährdet.

Ein Schuss auf einen mich annehmenden Keiler – auf dem Bauch liegend abgegeben – traf diesen und tötete den hinter ihm hetzenden Schweißhund. Die Vollmantel hatte den Keiler diagonal durchschlagen und dann den Hund getroffen. Es war dies die letzte Vollmantelpatrone, die ich verschossen habe!

Vielleicht noch besser als die 8 x 57 ist die 9,3 x 62, die von vielen Schweißhundführern verwendet wird. Das Geschoss muss stoppen und sollte so wenig Splitter aus dem Ausschuss abgeben wie möglich. Ein Geschoss, das seine gesamte Energie im Wildkörper abgibt und diesen aber nicht durchschlägt, wäre das absolute Ideal.

Die Laufmündung hatte ich stets mit einem knallroten **Gewebe-Band** zugeklebt, um das Eindringen von Ästchen und/oder Wasser zu verhindern. Man kann dieses Band so anbringen (indem man eine kleine Fahne konstruiert), dass man es sehr schnell abreißen kann. Viele Male blieb mir dafür allerdings keine Zeit und ich schoss einfach hindurch. Der Lauf ist immer heil geblieben, wenn das Band auch niemals durch den Luftdruck vor dem Geschoss weggeflogen ist, sonder immer **durchschossen** wurde. Ein einfacher, durchsichtiger Tesa-Film reicht nicht aus, er wird in der ersten Dickung mit Sicherheit schon abgestreift.

Als alleinige Fangschusswaffe bei Nachsuchen sind Faustfeuerwaffen nicht geeignet.

Zum ersten wird keine Revolver- oder Pistolenpatrone eine ähnliche Stoppwirkung haben wie eine 8 x 57 oder gar eine

9,3 x 62, zum anderen wird es nur einem absoluten Könner gelingen, auf kurze Entfernung in dem „Knäuel“ *Sau und stellender, eventuell packender Hund* so präzise die Sau zu treffen wie mit einer Langwaffe. Eine Faustfeuerwaffe werde ich außerdem immer unter der Jacke am Gürtel tragen. Bis ich die aber – wenn es einmal sehr schnell gehen muss – gefechtsklar habe, habe ich mit meiner Büchse schon den Fangschuss angetragen.

Um nicht missverstanden zu werden: eine Faustfeuerwaffe ist ideal, wenn es darum geht, einem beispielsweise angefahrenen Stück, das mit gebrochenen Läufen im Straßengraben liegt, den Fangschuss anzutragen (was immer noch besser ist, als es mit einem Messer abzufangen). Aber als Nachsuchenwaffe sind Pistolen und Revolver ungeeignet.

Ein **Messer** gehört ebenfalls zur Grundausrüstung eines Schweißhundführers. Es sollte schon eines sein, mit dem man eine Sau von 30 bis 35 Kilogramm abfangen kann, wenn sie beispielsweise von den stellenden Hunden so gedeckt wird, dass ein Fangschuss ohne massive Gefährdung der Hunde nicht angetragen werden kann. Ich habe die besten Erfahrungen mit einem feststehenden Messer (Klingenlänge 12 bis 15 Zentimeter) mit guter Parierstange und einer vorne bauchigen Klinge (etwa nach Art des Frevert'schen Waidblattes) ohne „knochengierige“ Spitze gemacht.

Als ich mit der Nachsuchenarbeit anfing, waren noch der lederne **Schweißriemen** und die abgepolsterte, breite **Lederhalsung** Standard. Auch das hat sich geändert. Der sehr pflegeintensive Lederriemen wurde von einem Kunststoffriemen abgelöst, der keiner Pflege mehr bedarf. Wenn dieser Kunststoffriemen (ich habe jahrelang sehr gute Erfahrungen mit einem Fenster-Rolloband gemacht) auch noch schockfarben ist (hellgelb, leuchtorange oder pink), dann sieht man ihn auch im Dämmerlicht einer Dickung sehr viel besser als einen braunen, naturfarbenen Lederriemen.

Auch die Lederhalsung wurde vielfach durch ein **Brustgeschirr** ersetzt. Das hat zweifellos für den Hund Vorteile, er wird eben nicht mehr am Hals mehr oder weniger eingeschnürt und damit auch etwas behindert. Diese Feststellung trifft besonders für all die Hunde zu, die sehr heftig auf

Hannoverscher Schweißhund mit Brustgeschirr (statt normaler Halsung) (Foto: Bernd Krewer).

der Wundfährte arbeiten, wobei der Riemen stets straff gespannt ist. Auch die Halswirbel werden im Laufe der Jahre bei solchen Hunden geschädigt. Bei meiner letzten Schweißhündin hätte es allerdings eines solchen Brustgeschirrs nicht bedurft, sie arbeitete sehr langsam, so dass ich den Schweißriemen meist schleppen lassen konnte. Deshalb wurde sie auch so gut wie nie durch den Riemen behindert.

Manche Schweißhundführer legen ihren Hunden eine Art Panzer um, der sie vor Schlägen einer stärkeren Sau oder auch vor Forkelverletzungen durch einen Hirsch schützen soll. Besonders bei recht scharfen Hunden und in überdichten Schwarzdornverhauen, in denen der Hund der annehmenden Sau nicht ausweichen kann, wird man seinen wertvollen Hund damit wirkungsvoll schützen können.

Hund mit stark wattiertem Sicherheits-„Panzer“ mit Klettverschlüssen, der ihn vor Verletzungen durch eine eventuell annehmende Sau schützen soll (Foto: René Wiese).

Diese **Schutzwesten** wie auch die oben erwähnten Brustgeschirre bekommt man im jagdlichen Fachhandel.

Eine schockfarbene **Warnhalsung** für den nachsuchenden Hund mit der Telefon-/Handy-Nummer des Führers - mit wasserfestem Stift auf Außen- *und* Innenseite geschrieben! - gehört zur Standardausrüstung eines jeden Nachsuchenhundes beziehungsweise eines jeden Nachsuchenführers.

Sehr viele Schweißhundführer benutzen ein **Telemetriegerät**. In einem gesonderten Beitrag von Wildmeister René Wiese in diesem Buch werden die Modelle der neuesten Generation vorgestellt und ihre praktische Anwendung beschrieben.

Den Empfänger des Telemetriegerätes trägt der Hundeführer unter der Jacke um seinen Hals. Das Gerät reagiert mit akustischen und optischen Signalen auf die Impulse des (eingeschalteten!) Senders, den der hetzende Hund an seiner Halsung trägt. Der Hundeführer erkennt an den Signalen sowohl die Richtung als auch die ungefähre Entfernung (Lautstärke der Piep-Töne), in der sein Hund hetzt beziehungsweise stellt (Foto: René Wiese).

Das Telemetriegerät ist keineswegs als Ersatz für die laute Hetze gedacht. Es ist aber eine wertvolle Hilfe, wenn geländebedingt die Hetze einmal aus dem Ohr gegangen ist und man ohne dieses Gerät keinen Schimmer hätte, wo man seinen vielleicht schon stellenden Hund suchen müsste.

Natürlich ist die Ausrüstung auch ein wenig Geschmackssache. Aber man sollte sich schon so ausstatten, dass man sich einerseits noch einigermaßen wohlfühlt und andererseits auf alle möglicherweise auftretenden Eventualitäten optimal vorbereitet ist.

Aus gutem Grund erlaube ich mir den generellen Hinweis auf die **UVV-Jagd** und den besonderen auf **§5 „Nachsuche“** sowie die Durchführungsanweisung **„Erste Hilfe“**.

Hundeortung

Die Ortung von Jagdhunden mittels Telemetrie ist heute im jagdlichen Geschehen und insbesondere bei der Nachsuche nicht mehr wegzudenken.

Bis vor wenigen Jahren waren Hundeortungssysteme noch Nischenprodukte, die von kleinen Firmen oder begeisterten Funkamateuren in geringer Stückzahl produziert wurden.

Dies hat sich in den letzten Jahren grundlegend geändert.

Insbesondere die zunehmende Anzahl von Stöberjagden auf Schalenwild unter Einsatz weitjagender Hunde und der daraus resultierende Wunsch vieler Hundeführer, den Aufenthaltsort ihrer vierbeinigen Gefährten möglichst genau zu ermitteln, haben dazu geführt, dass der Markt für Ortungsgeräte jeglicher Art enorm gewachsen ist und heute auch für große Firmen lukrativ erscheint.

Dies hat zu erstaunlichen Innovationen geführt, so dass heute dem Hundeführer Geräte zur Verfügung stehen, von denen er noch vor wenigen Jahren nicht zu träumen wagte.

Durch die verhältnismäßig hohen Produktionszahlen und den Konkurrenzdruck haben sich auch die Endverbraucherpreise deutlich nach unten bewegt.

Es bleibt aber festzustellen, dass es bezüglich der Funktionsweise der angebotenen Geräte immer noch erhebliche Verständnisdefizite bei den Hundeführern gibt.

Deshalb hier der Versuch einer Erklärung.

Grundsätzliches

Die Feststellung der Position eines Hundes kann nach dem heutigen Stand der Technik auf zwei verschiedenen Wegen erfolgen.

1 Ortung mittels Telemetrie
2 Ortung mittels GPS

Zur Erläuterung:

Telemetrie

Bei der **Telemetrieortung** wird die Stärke eines ankommenden Funksignals gemessen und auf dem Empfänger dargestellt.

Stellen Sie sich vor, Sie werfen einen Stein in ein Gewässer. Um den Aufschlagpunkt des Steines herum bilden sich konzentrische Wellen, die mit zunehmender Entfernung zum Mittelpunkt immer schwächer werden und nach einer gewissen Entfernung nicht mehr wahrnehmbar sind.

Ähnlich verhält es sich auch bei unseren Funkpeilgeräten.

Der am Hund befestigte Sender sendet Funkwellen im UKW-Bereich (Ultrakurzwellenbereich) aus.

Da Funkwellen vom Menschen nicht wahrgenommen werden können, brauchen wir ein Hilfsmittel, welches es uns ermöglicht, diese Funkwellen sicht- und/oder hörbar zu machen, also einen Empfänger.

Je weiter der Sender also vom Hund entfernt ist, umso schwächer ist das Signal.

Ein weiterer bedeutender Faktor, der die Sendeleistung begrenzt, ist die sogenannte „Quasi-optische-Sicht“. Vereinfacht ausgedrückt bedeutet dies, dass ein Empfang von Signalen nur dann möglich ist, wenn der Sender sich nicht hinter dem Horizont befindet. Durch verschiedene Faktoren, deren Erläuterung hier zu weit führen würde, ist in der Praxis aber auch dann ein Empfang möglich, wenn die Distanz zum Sender maximal 25 % weiter ist als der sichtbare Horizont.

Für die Praxis bedeutet dies, je höher der Empfänger sich im Gelände befindet, umso größer ist die Reichweite des Senders.

Weitere begrenzende Faktoren, die einen Empfang von Funksignalen massiv beeinträchtigen können, sind zum Beispiel Starkstromleitungen, Sendemasten für Rundfunk, Fernsehen und Telekommunikation und militärische Funkanlagen, die mit hoher Ausgangsleistung senden.

Wenn Sie Ihren Hund anpeilen möchten, suchen Sie sich also am besten einen möglichst hoch liegenden Punkt und vermeiden die Nähe zu den oben genannten Störquellen.

In Deutschland ist zudem die Sendeleistung durch eine Verordnung der Bundesnetzagentur auf 500 mW (= 0,5 Watt) reduziert. Als zulässige Frequenz ist ausschließlich der Bereich von 433,05–433.79 zugelassen.

Geräte, die auf einer anderen Frequenz senden, bedürfen einer Einzelzulassung der Bundesnetzagentur.

GPS

GPS (= Global Positioning System) ist ein militärisch betriebenes System, das mithilfe von im Weltall stationierten Satelliten die Position eines Senders auf jedem Punkt der Erde feststellen kann.

GPS ist also ein Ortungssystem, kein Kommunikationssystem.

Da bei der Hundeortung nicht der eigene Standort, sondern der Standort eines räumlich vom Empfänger getrennten (Halsband-)Senders ermittelt werden muss, ist es erforderlich, dass die beiden Geräte miteinander kommunizieren.

Dies kann auf unterschiedlichen Wegen geschehen.

Zum einen gibt es Geräte, bei denen die Kommunikation mittels Funkwellen erfolgt.

Das heißt, die Positionsdaten des Halsbandsenders werden über herkömmliche Funkwellen zum Empfänger übertragen und dort umgewandelt.

Je nach Gerät werden dann entweder nur die Richtung und Entfernung zum Hund angezeigt oder aber die Position des Hundes und die des Hundeführers werden auf einer unterlegten Landkarte dargestellt.

Moderne Geräte zeigen zudem an, ob der Hund in Bewegung ist oder ob er sitzt bzw. liegt.

Der Vorteil dieser Form der Datenübertragung liegt in der Unabhängigkeit von vorhandenen Telefonnetzen, der

Nachteil in den Schwierigkeiten der Funkwellenübertragung, wie sie im Kapitel Telemetrie beschrieben wurden.

Die zweite Variante der Datenübertragung ist die Kommunikation über ein Mobilfunknetz.

Hierbei werden die per GPS ermittelten Daten des Standortes des Hundes per SMS auf ein Handy übertragen.

Je nach Ausführung des Handys wandelt dieses dann die Daten um, oder aber, die Daten müssen von Hand in ein GPS-Navigationsgerät eingegeben werden, um zum Hund zu finden.

Haben also Hund und Hundeführer Zugang zu einem Mobilfunknetz, ist eine Ortung des Hundes weltweit möglich. Hat aber eines der Geräte kein Handynetz, ist eine Ortung des Hundes nicht möglich.

Diese Art der Ortung ist also nur dann sinnvoll, wenn im gesamten Einsatzbereich ständig ein Handynetz vorhanden ist.

Tipp: Benutzen Sie ausländische Prepaidkarten, denn diese greifen immer auf das stärkste Netz zu und sind nicht an einen Anbieter gebunden.

Der Vorteil dieser Form der Ortung ist die (zumindest theoretisch) weltweit gegebene Ortungsfähigkeit des Senders.

Nachteilig ist die Abhängigkeit von vorhandenen Mobilfunknetzen sowie ggf. die Betriebskosten in Form von anfallenden Gebühren für die SMS.

GSM-Ortung

Von verschiedenen Herstellern werden auch Geräte angeboten, die per GSM den Standort des Hundes orten sollen.

Der Hund trägt dazu eine Art Handy bei sich. Handys melden sich, sofern das Gerät bewegt wird, regelmäßig in der jeweils stärksten vorhandenen Funkzelle an. Durch die Auswertung der Funkzellendaten kann somit theoretisch der Standort eines Senders ermittelt werden.

Da die Anzahl der Funkmasten (= Funkzellen) in Städten sehr hoch ist, ist hier auch die genaueste Ortung möglich.

In ländlichen Gebieten kann die Ungenauigkeit aber durchaus einige Kilometer betragen, was Ortungssysteme dieser Art für den praktischen Gebrauch bei der Nachsuche generell disqualifiziert.

GPS-Datenlogger

Datenlogger sind Systeme, die den zurückgelegten Weg des Gerätes **aufzeichnen.**

Ein Abrufen der Daten ist während des Betriebes nicht möglich.

Zur Auswertung des zurückgelegten Weges ist im Allgemeinen ein PC mit Gerätekompatibeler Landkarte, wie z. B. Google Earth, nötig.

Moderne Hundeortungssysteme bieten die Möglichkeit der Auswertung des zurückgelegten Weges, z. B. bei einer Nachsuche, heute häufig als Zusatzfunktion an.

Die Darstellung erfolgt dann entweder direkt auf dem Gerät oder aber auf einem PC.

Ortung unter der Erde

Da auch kleine Hunde, wie z. B. Teckel oder Terrier, regelmäßig zur Nachsuche eingesetzt werden, besteht natürlich die Gefahr, dass diese ggf. einen Fuchs- oder Dachsbau annehmen.

Eine Ortung unter der Erde ist mit herkömmlichen Telemetriegeräten manchmal auf kurze Distanz möglich, mit GPS-gestützen Systemen unmöglich, da diese quasi freie Sicht zu Satelliten benötigen.

Die Frequenz der Bauhundeortungssysteme beträgt 457 **K**hz (Kilohertz), die der Telemetriegeräte 433,05 bis 434,79 oder 155,45 **M**hz (Megahertz).

Telemetriegeräte sind also grundsätzlich für die Ortung über verhältnismäßig große Distanzen im Medium Luft ausgelegt, Bauhundretter auf verhältnismäßig geringe Distanzen im Medium Erde .

Somit würde ein Bauhundretter auch nicht zur Ortung über der Erde taugen.

Revierübergreifende Nachsuchen

Die Rheinland-Pfälzische „Nachsuchenrichtlinie“ war *das* Musterbeispiel zur Risikominderung für den Schweißhundführer und Sicherung einer tierschutzgerechten Nachsuchenarbeit. Etliche andere Bundesländer haben diese Regelung mehr oder weniger modifiziert übernommen.

Die Jagdreviere in Deutschland werden immer kleiner. Jede Gemeinde und jeder Waldbesitzer verpachtet, wenn es irgendwie geht, seinen Besitz scheibchenweise. Das bringt erfahrungsgemäß Geld in die Kasse, für ein kleines Revierchen werden in aller Regel höhere Hektarbeträge geboten und hingeblättert als für Großreviere, weil eben auch die

Zahl der potentiellen Pächter und damit die Konkurrenzsituation der Interessenten untereinander größer ist.

Rehwild klebt an der Scholle und verlässt auch krank seinen Einstand nur selten oder nie. Rehwildnachsuchen (ausgenommen vielleicht Böcke auf der Reise in der Brunftzeit) bedingen „Grenzverletzungen" daher wesentlich seltener als Nachsuchen auf die übrigen Schalenwildarten. Es ist aber schon die seltene Ausnahme, wenn eine Nachsuche auf eine laufkranke Sau beispielsweise im gleichen Revier zu Ende gebracht werden kann, in der sie begonnen wurde.

Viele Bundesländer haben dem Rechnung getragen, indem sie für anerkannte Schweißhundführer Richtlinien als Rechtsverordnungen erlassen haben, die dem Tierschutz (schnellstmögliche Beendigung der Leiden und Schmerzen von krankem Wild) im Nachsuchenwesen einen hohen Stellenwert einräumen. Für die Länder, Regionen, Hochwildringe und Hegegemeinschaften, in denen keine entsprechende Regelung existiert, sei eine verbindliche Richtlinie dringend empfohlen. Vielfach behelfen sich die Hochwildhegeringe mit freiwilligen Vereinbarungen, die es den namentlich genannten überörtlich tätigen Schweißhundführern gestatten, im Zuge begonnener Nachsuchen Reviergrenzen überschreiten zu dürfen. Aber man wird selten alle Jagdpächter/Jagdleiter zur Unterschrift bewegen können, und so bleiben immer weiße Flächen auf der Karte. Was dem Schweißhundführer passieren *kann*, wenn er in Unkenntnis der Grenzverläufe in ein solches Revier

hineinsucht, darüber informiert ein juristischer Experte im nachfolgenden Kapitel.

Der Tierschutz, also die schnellstmögliche Beendigung der Leiden und Schmerzen krankgeschossener oder verunfallter Wildtiere, muss einen höheren Stellenwert haben als das etwaige territoriale Machtgehabe einiger (weniger) Jagdpächter oder Jagdleiter. Eine revierübergreifende Regelung ist alleine schon deswegen zwingend, weil der Schweißhundführer niemals alle Reviergrenzen und deren Verlauf in seinem Einsatzbereich kennen kann.

Der Verfasser bei der Arbeit (Foto: ERICH MAREK).

Blick auf die – revierübergreifende – Nachsuche durch die juristische Brille

Die „Nachsuche" wird neben der jagdlichen auch in der juristischen Literatur unter Berücksichtigung des sie betreffenden Gesetzestextes zutreffend definiert als „das gezielte Verfolgen kranken oder angeschossenen Wildes, in der Regel mittels eines brauchbaren Jagdhundes oder sog. Schweißhundes"(Schuck in: Schuck Bundesjagdgesetz, 1. Auflage, 2010; § 22a, Rdz. 9).

Herr Krewer hat bislang dargestellt, dass eine weidgerechte Nachsuche den Tierschutzgedanken vollumfänglich zum Inhalt hat. Diese Tatsache als These aufgestellt und durch die bisherige Erörterung auch nachgewiesen, wird bei einer Betrachtung *durch die juristische Brille* nicht etwa vereinfacht oder zumindest rückhaltlos untermauert, sondern stellt sich in der rechtlichen Theorie als erheblich weniger leicht durchführbar heraus, als man gemeinhin für die jagdliche Praxis erwarten sollte.

Denn dank des jagdrechtlichen wie waffenrechtlichen Regelungsaktionismus der unterschiedlichen Gesetzgeber des letzten Jahrzehnts und der – mal zutiefst gewollten, mal mit verblüffender Leichtfertigkeit übersehenen – Querregelungen unter der mannigfaltigen Zahl von Gesetzen und Bestimmungen in Naturschutz, Landschaftsschutz, Tierschutz und hiermit weit verzweigten, gleichwohl berührten Gebieten, tun sich für den Jäger auch im

Zusammenhang mit der revierübergreifenden Nachsuche Untiefen von möglichen strafbaren und/oder die weitere Jagdausübung schlagartig hemmenden (Jagdschein- und WBK-Entzug) Möglichkeiten an Gesetzesverstößen auf, an die er – jedenfalls teilweise – nicht einmal im Traum je gedacht hätte. Diese Unsicherheit und mithin Gefahr, einen nachhaltig wirksamen Gesetzesverstoß zu begehen, trifft übrigens den angeblich antiquierten, sein Wild liebenden Heger in Lodenmantel und Lederhose genauso wie den angeblich ein modernes Jägerbild ausfüllenden Charakter des Fleisch machenden *wildlife managers* im geruchsundurchlässigen Tarnanzug (Tempora mutantur et nos mutamur in illis).

Die nachstehend entwickelten Gedanken sollen den Leser dafür sensibilisieren, für den Fall, dass er einmal in eine ähnliche Situation geraten sollte, ein inneres Achtung-Zeichen zu entwickeln. – Natürlich können teils komplexe juristische Sachverhalte im Rahmen eines Sachbuches zur (revierübergreifenden) Nachsuche nur sehr *„geradlinig“* behandelt und angestoßen werden.

* * *

Der juristisch gemeine Jäger – und hierzu zählen naturgemäß auch viele Juristen, denn auch von diesen trägt nicht jeder permanent das Gesetz unter dem Arm spazieren – ist gemeinhin wohl der festen Überzeugung, dass der Tierschutz abschließend und auch im Sinne einer echten schützerischen

Funktion umfassend geregelt ist. Diese Überzeugung greift umso mehr Raum, als der Tierschutz seit dem 01.08.2002 Verfassungsrang erlangt hat (vgl. Art. 20a GG), was an dieser Stelle nicht näher kommentiert werden soll.

Natürlich werden durch Tierschutzverbände ständig gerade die Tierversuche in der Diskussion gehalten - die in der Tat im TSchG umfassend geregelt sind - und dem *braven Mann* fallen zu seinem verwunderten Verdruss bei seiner alljährlichen sommerlichen Urlaubs- oder zumindest Überlandfahrt dennoch die Tiertransporte auf, deren teilweise unwürdigsten schon äußerlich optischen Auffälligkeiten deutliche Rückschlüsse auf das zulassen, was sich in den Fahrzeugen tatsächlich abspielt.

Kommen einem hierbei bereits Zweifel über die Sinnhaftigkeit der praktisch rechtlichen Wirkungen der im Sinne des Schutzes der Tiere erlassenen Gesetze, so werden diese im Zusammenhang mit der Nachsuche auf krankes Wild nicht nur nicht ausgeräumt, sondern, wie diese Untersuchung zeigen wird, bestärkt.

Besonders beachtlich ist dabei die mögliche Kriminalisierung derjenigen Personen, die im Glauben, dem Tierschutzgedanken nachzukommen, Tätigkeiten ausüben - in der Regel ist dies wohl die Tötung eines leidenden Tieres.

Solche Maßnahmen werden immer häufiger einer gerichtlichen Prüfung zugeführt. Dies geschieht in der Regel durch Drittpersonen, deren eigene Rechte mitnichten berührt wurden (Foto- und Videohandy sowie die Anonymität des Internets spielen hierbei eine immer größere Rolle).

Dabei können dann rechtliche Überlegungen des erkennenden Gerichts offenbar werden, die rechtsdogmatisch vielleicht im allerweitesten Sinne noch geradeso diskutierbar, aber schon schwer vertretbar wären (= sind), die aber jedenfalls in ihrer tatsächlichen Praxisanwendung für den jeweiligen verurteilten *Delinquenten* nur schwer verständlich und im Einzelfall den ohnehin allgemein spärlich vorhandenen *Glauben an Gerechtigkeit* endgültig auszumerzen geeignet sind.

Dies gilt beispielsweise im Zusammenhang mit der Nachsuche für einen Begriff, der dem Jäger alles ist, aber im Gesetz ebenfalls Verwendung findet, die nicht notwendigerweise dem jägerischen Sprachgebrauch entspricht. Eine solche eben nur Schnittmengen bildende Begriffsidentität birgt ein hohes Maß an Potenzial, mögliche Gesetzesverstöße zu begehen in sich. Er lautet: WILD.

Noch in nicht allzu ferner Vergangenheit konnte man sagen, dass der Jäger insgesamt gesehen für alle Tiere, die nicht Haustiere sind, „zuständig" war. Natürlich gab es damals schon den *juristischen* Begriff „Wild", aber beispielsweise Krähen und Artverwandte waren kein Wild, wurden aber als Raubzeug *bekämpft*, positiv ausgedrückt: in die Hege des Wildes vom Jäger einbezogen.

Das ist heute definitiv **nicht** mehr der Fall. Alle jagdliche Tätigkeit, auch die der Nachsuche, darf sich nur und ausschließlich auf solche Tiere beziehen, die dem Jagdrecht unterliegen, also **Wild** im Sinne des Gesetzes sind. Ausschließlich das „Dem-Wilde-Nachstellen“ rechtfertigt Führen der jagdlichen Feuerwaffe und (!) der kalten Waffe. Der derzeit geltende Zeitgeist lässt die Rechtsprechung an diese *gesetzliche Voraussetzung* einen Maßstab angelegen, der im wahrsten Sinne des Begriffs als eine Rechtsprechung *nach Vorschrift* bewertet werden muss, die jegliches Abwägungsmaß vermissen lässt.

Als Beispiel für die Beachtung dieses Details sei auf die in letzter Zeit durch die Jagdpresse gegangenen Berichte über Rechtsprechung zu Wolfstötungen hingewiesen. Natürlich ist für jeden Jäger der Wolf ein Wild. Nach dem Gesetz ist er es aber zurzeit nicht. Ob sich dies ändern sollte oder besser nicht, kann hier nicht Gegenstand der Erörterung sein.

Jagdrechtlich ist von Bedeutung, dass in einem Fall von Wolfstötung ein Jäger einem kranken Wolf den Fangschuss gab und sich vom Gericht in der Begründung zu seiner Verurteilung vorhalten lassen musste, dass der Wolf kein Wild sei, also nicht erlegt werden durfte und im Übrigen das Artenschutzabkommen und mithin der Tierschutz zur Leidensverkürzung eben keine „Hegetötung“ vorsehe (vgl. PIRSCH, 2/2011, Bl. 46).

Demgegenüber wurde einem Polizisten, der einen verunfallten Wolf erschoss, unter Zustimmung diverser Verbände, namentlich dem NABU, die Rechtmäßigkeit seines erlösenden Handelns aus Tierschutzgründen ausdrücklich bescheinigt (vgl.: PIRSCH 04/2011, Seite 7).

Das Urteil gegen den Jäger ist bereits ein die erste Instanz bestätigendes Berufungsurteil. Wegen der *„Geringfügigkeit“*

des Vergehens hatte der Jägersmann das Glück, noch eine Dritte Instanz, nämlich das Oberlandesgericht als Revisionsgericht, anrufen zu können, dessen Entscheidung zum Zeitpunkt dieser Niederschrift noch aussteht.

Aber Vorsicht: Nicht nur ein Verstoß gegen das Artenschutzabkommen steht zu beurteilen. Der Gebrauch einer aufgrund eines Jagdscheins genehmigten Schusswaffe zum Zwecke der Erschießung eines nicht zum Wild gehörenden Tieres, stellt prima facie einen klaren Verstoß gegen das Waffengesetz dar. Inwieweit hier strafrechtliche Straflosigkeit wegen möglichen Rechtfertigungsgrundes vorliegt, wurde vorliegend bereits zweifach verneint und liegt jetzt auf Seiten des Revisionsgerichtes. Die Beurteilung der waffenrechtlichen Zuverlässigkeit ist jedoch von diesen Strafbarkeiten durchaus unabhängig zu betrachten. Will sagen: wird bestraft, dann sind Waffe und mithin Jagdschein voraussichtlich weg. Wird nicht bestraft, kann gleichwohl eine Unzuverlässigkeit darin begründet sein, dass die Waffe durchaus waffenerlaubniswidrig benutzt wurde (!!??!!).

Also ist einleitend zu beachten: Eine Nachsuche, gleich welcher Art, muss sich zwingend auf ein Stück **Wild,** also ein Tier beziehen, das **in dem Bundesland, in dem es nachgesucht wird,** dem Jagdrecht unterliegt!!! Ist dies nicht der Fall, oder erweist sich während der Nachsuche, dass man ein Tier verfolgt, das nicht zum Wild gehört, muss die Nachsuche, revierübergreifend oder nicht, im Zweifel beendet werden.

(**Beachte:** Bundesjagdgesetz §2 kann hierbei durchaus von dem **vorrangigen** Landesrecht abweichen!!! – So gibt es beispielsweise Überlegungen in einzelnen Ländern Fuchs und Hase aus der Liste der dem Jagdrecht unterliegenden Tiere zu streichen?!?!)

Die weiteren rechtlichen Überlegungen zum Tierschutz bei und durch die revierübergreifende Nachsuche beziehen sich somit auf ein fiktives Tier, welches in dem jeweiligen Bundesland zum Wilde zählt.

* * *

Hilfreich zum weiteren Verständnis der Problematik und zum Einstieg in die Details derselben ist es, zunächst wieder einen Blick in das Gesetz zu werfen:

Gemäß §17 Nr. 2 TSchG macht sich derjenige strafbar, der u.a. einem Wirbeltier länger anhaltende Schmerzen oder Leiden zufügt. Diese Schmerzen oder Leiden können hierbei durchaus ihren Ursprung in der vom Tierschutzgesetz ausdrücklich erlaubten *weidgerechten Jagdausübung* gefunden haben (vgl. n.a.: MÜLLER-SCHALLENBERG/KNEMEYER, Jagdrecht, 1. Auflage, S. 120), denn §4 Abs. 1 Satz 2 TSchG bestimmt unter anderem:

„Ist die Tötung eines Wirbeltieres ohne Betäubung im Rahmen weidgerechter Ausübung der Jagd [...] zulässig, [...] so darf die

Tötung nur vorgenommen werden, wenn hierbei nicht mehr als unvermeidbare Schmerzen entstehen. "

Jedem praktizierenden Jäger ist bekannt, dass selbst bei Einhaltung der äußersten Sorgfalt bei der Schussabgabe und unter Verwendung der denkbar besten Ausrüstung ein Schuss eben nicht sofort tödlich sein kann, was u.a. ja gerade die Nachsuche verursacht, die Gegenstand unserer Betrachtung ist.

Demselben Rechtsgedanken, eine Verlängerung von Leiden und Schmerzen zu vermeiden Rechnung tragend, bestimmt das Bundesjagdgesetz in seinem §22a Abs. 1 – ehemals rahmengesetzlich, jetzt „nur" noch im Wege der konkurrierenden Gesetzgebung, will sagen, durch Landesrecht auch wirksam gänzlich anders regelbar, für den Bereich der Jagdausübung ausdrücklich Folgendes:

„Um krankgeschossenes ***Wild*** *vor vermeidbaren Schmerzen oder Leiden zu bewahren, ist dieses unverzüglich zu erlegen; das Gleiche gilt für schwer krankes Wild, es sei denn, dass es genügt und möglich ist, es zu fangen und zu versorgen."*

Dieses Gebot zur *Nachsuche,* welches, übrigens über das Tierschutzgesetz (anders Rheinland-Pfalz; s.u.), sogar strafbewehrt ist, stellt als solches eine ganz herausragende Verpflichtung des Jägers aus dem Gedanken der Weidgerechtigkeit dar. Nach Ansicht des Uz. ist es sogar die jagdethisch höchststehende überhaupt, die über das entsprechende jagdkulturelle Handeln unmittelbaren Einzug in das regelnde Gesetz gefunden hat. Wirft man einen Blick auf andere nationale jagdgesetzliche Regelungen jenseits der Grenzen der Bundesrepublik Deutschland hinaus, findet man kaum Gleiches, wenig Ähnliches und noch weniger rudimentär Vergleichbares mit dieser Norm, wie sie hierzulande geregelt ist.

Aber bereits der zweite Absatz des §22a BJG schränkt in seinem ersten Satz dieses pauschale Handlungsgebot deutlich ein:

„Krankgeschossenes oder schwer krankes Wild, das in einen ***fremden Jagdbezirk*** *wechselt,* ***darf*** *nur* ***verfolgt*** *werden (Wildfolge),* ***wenn*** *mit dem Jagdausübungsberechtigten dieses Jagdbezirkes eine schriftliche Vereinbarung über die Wildfolge abgeschlossen worden ist."*

Weiter bestimmt der zweite Satz des §22a Abs. 2 BJG ausdrücklich, dass die Länder nähere Bestimmungen hierzu erlassen, wozu sie ohnehin im Wege der konkurrierenden Gesetzgebung zuständig sind, weil Jagdrecht im Rahmen des föderalen Systems Landesrecht ist und das Bundesjagdgesetz, mit Ausnahme der Bestimmungen zum Jagdschein, ansonsten vollständig hinter entsprechende Landesgesetze zurücktritt. Von der Möglichkeit ohne rahmengesetzliche Einschränkung auf dem Gebiet des Jagdrechts gesetzgeberisch tätig sein zu können, machen die Länder auch in allen entsprechenden Landesjagdgesetzen reichlich Gebrauch (vgl. auch in jüngster Zeit: LJG-Saarland und/oder LJG-Rhld-Pf. 2010).

Daher erlaubt sich der Verfasser an dieser Stelle ausdrücklich und eindringlich den Hinweis, die für dasjenige Bundesland, in dem der jeweilige Leser die Jagd tatsächlich ausübt, geltende Bestimmung unbedingt einmal selbst nachzulesen.

Die Ausgestaltung der einzelnen landesgesetzgeberischen Regelungen sind beachtlich unterschiedlich, sowohl der Umfang der Detailregelungen als auch deren inhaltliche Bestimmungen. Überwiegend wird hierbei in zwei grundsätzlich unterschiedliche Varianten unterschieden, nämlich, das Verhalten nach dem Schuss auf Schalenwild und demjenigen auf sonstiges Haar- und Federwild. Man könnte auch sagen, es wird unterschieden, ob die Nachsuche mit der Büchse oder der Flinte verursacht wurde. So ist es häufig die Regel, dass in Sichtweite über der Reviergrenze das im Wundbett sitzende Stück Schalenwild erlegt und versorgt werden darf (muss!??!), aber an Ort und Stelle zu verbleiben hat. Das in Sichtweite verendete (!) sonstige Wild, darf in Besitz genommen werden. In beiden Fällen ist unverzüglich der zuständige nachbarliche Jagdausübungsberechtigte zu verständigen bzw. diesem das aufgenommene Stück Wild auszuhändigen.

Nun ist er endlich gefallen, der Begriff: Jagdausübungsrecht. Dieser Begriff ist der Dreh- und Angelpunkt der sich um die *revierübergreifende* Nachsuche rankenden rechtlichen Überlegungen. Das Jagdrecht, welches das Jagdausübungsrecht nach sich zieht, ist ein eigentumsgleiches Recht und als solches vom Gesetzgeber besonders geschützt. Sowohl im Zivilrecht, hier §823 BGB, als auch im Strafrecht, dort §292 StGB (Wilderei). – Es steht ausschließlich dem Grundeigentümer zu, der es allerdings nur unter besonderen Umständen selbst ausüben kann (Aneignungsrecht des Eigentümers eines befriedeten Bezirkes an einem auf diesem Terrain verendeten Wild; vgl. bspl.: §35, Abs. 5, S. 3 LJG-Rhld-Pf). Daher ergibt sich für den praktisch umsetzbaren Bereich der Jagd (außerhalb befriedeter Bezirke) also die Fortschreibung des Jagdrechts hinüber in das Jagdausübungsrecht, welches namentlich u.a. voraussetzt, dass der Ausüber Inhaber eines gültigen Jagdscheines sein muss, von anderen Voraussetzungen ganz abgesehen.

Hier von Interesse ist aber allein das besondere Aneignungsrecht und Bejagungsrecht von Wild, wozu einem das Jagdrecht die Befugnis gibt (vgl. §1 Abs. 1 BJG). Dieses Recht haftet ausschließlich an Grund und Boden und findet damit seine natürlichen und rechtlichen Grenzen an eben den Grenzen der einzelnen Jagdbezirke. Jeder Jagdausübungsberechtigte ist also in dieser Jagdausübungsberechtigung auf seinen Jagdbezirk beschränkt. Daraus ergibt sich bereits als logische Folge, dass bei einer „grenzüberschreitenden“ Nachsuche fremdes Jagdrecht berührt wird, also ein Eingriff in dieses fremde Recht vorgenommen wird, dessen rechtliche Auswirkungen im Weiteren betrachtet werden sollen.

* * *

Beleuchten wir diese theoretischen Betrachtungen anhand eines in der Praxis vorkommenden Falles, mit diversen Abwandlungen, so wird die Komplexität und auch die juristische *Verzwicktheit* mancher Nachsuchensituation durchaus deutlich:

a) Grundfall:

Am Abend wird vom Jagdherrn selbst ein Stück Schwarzwild beschossen. Das Stück liegt nicht im Feuer; ein weiterer gezielter Schuss ist nicht möglich. – Der Schütze, einerseits seines Schusses sicher, andererseits, um das Wildbret nicht möglicherweise durch Verhitzen zu verlieren, will noch im Dunklen mithilfe einer Taschenlampe den Anschuss untersuchen und das Stück bergen. Beim Herankommen an den Anschussbereich wird die in unmittelbarer Nähe im Wundbett sitzende Sau, von dem Schützen unbemerkt, hoch und zieht davon. – Die für den nächsten Morgen angesetzte Nachsuche beginnt ca. 300 m von der Reviergrenze entfernt. Wegen des vorgefundenen Leberschweißes rechnen alle Beteiligten mit einer relativ kurzen Totsuche.

Der Schütze, der Totsuche sicher, weist den Hundeführer auf die Größe und Dichte einer angrenzenden Dickung hin und verbleibt selbst am Anschuss. Der routinierte Hundeführer ist mit Gewehr, blanker Waffe und evtl. Faustfeuerwaffe ausgerüstet. Nach unbestimmbar weiter Arbeit in der Dickung bricht die Sau vor dem Hund davon. Das Wundbett ist eindeutig. Der Hund wird geschnallt. Der Hundeführer verfolgt den Hetzlaut. Die Hetze führt aus der Dickung hinaus, durch ein angrenzendes Altholz in eine weitere, nunmehr im Nachbarrevier liegende Dickung hinein. Hier kommt der Führer an die zu Stand gehetzte Sau heran und kann den Fangschuss antragen. – Eine individuelle Wildfolgevereinbarung zwischen den Revierpächtern, die Sonderregelungen über das örtlich geltende Jagdgesetz hinaus enthält, liegt nicht vor.

1. Alternative:

Der Hundeführer ist ein zufällig anwesender, eigentlich auf einen Rehbock eingeladener, weit angereister Jagdfreund, der mit seinem erfolgreich auf Brauchbarkeit geprüften DD die Nachsuche durchgeführt hat.

Keine Bedenken bestehen zunächst dahingehend, dass der Jagdfreund im Revier des Jagdherrn die Nachsuche durchführen konnte. Er war autorisiert in seiner Eigenschaft als Gast und Jagdhelfer mit gültigem Jagdschein, der Sau, also dem Wilde, nachzustellen – bis zur Reviergrenze!

Im Moment der Überschreitung der Grenze vollendete der gute Freund aber bereits tatbestandlich den § 292 Absatz 1 Ziff. 1, 1. Alternative StGB, also Jagdwilderei in der Form des *„dem Wilde nachstellen"*, da er zur Jagd ausgerüstet im Nachbarrevier die Sau, ein zum jagdbaren Wild zählendes Tier, in der Absicht, sie zu töten verfolgte *und* der dortige Jagdausübungsberechtigte hierzu keine Erlaubnis gegeben hatte, ja sogar keinerlei Kenntnis hatte.

Dem gegenüber steht allerdings das Gebot der schnellstmöglichen Leidensbeendigung. Fraglich ist, ob die Vorschriften §§17 TSchG und 22a BJG hier dem guten Freunde helfen könnten. – Dies ist wohl zu verneinen!

Wie oben bereits erwähnt schränkt § 22a BJG in seinem Absatz 2 ausdrücklich das unverzügliche Tötungs- und Verfolgungsgebot dahingehend ein, dass bei Jagdbezirksüberschreitung zunächst der dortige Jagdausübungsberechtigte in Kenntnis von der Nachsuchensituation gesetzt werden muss. Gleichzeitig wird dann die Pflicht zur Fortsetzung der Nachsuche auch diesem mit aufgebürdet.

Das Gebot der Einholung der Einwilligung (also: **vorherigen** Zustimmung) zur Durchführung der weiteren Nachsuche gilt in unterschiedlichen Ausgestaltungen wohl in allen Bundesländern, ist also dem Grundsatz nach in den Landesgesetzen entsprechend übernommen worden. Allerdings muss auch gesehen werden, dass die Landesgesetzgeber in den überwiegenden Fällen dringlich und zwingend die privatschriftliche Vereinbarung von Wildfolgen auferlegen. Obwohl teilweise sogar mit Fristen ab Pachtübernahme belegt, fehlt es in der Regel jedoch an einer Sanktion für den Fall der Nichtbeachtung und Nichtanzeige dieser Vereinbarungen bei der Unteren Jagdbehörde (**Beachte:** ordnungswidrig in Rheinland-Pfalz gem. §35 Abs. 3 i.V.m. §48 Abs. 2 Ziff. 14 LJG-Rhld-Pf).

Bleibt für unseren hilfreichen Jagdfreund nur festzuhalten, dass er eine vollendete Wilderei begangen hat, die auch durch tierschutzrechtliche Bestimmungen nicht gerechtfertigt war.

Es fehlt allerdings noch die für eine eventuelle Bestrafung ebenfalls erforderliche und notwendige Antwort auf die Frage, inwieweit er hier vorsätzlich gehandelt hat. – Eine Straftat, wie die Wilderei, ist auch bei Vollendung nur strafbar, wenn der Täter ihren Erfolg, das widerrechtliche Nachstellen, gewollt hat oder ihn zumindest *billigend* in Kauf genommen hat.

Man wird wohl kaum von einem direkten Willen des Freundes ausgehen können. Im Gegenteil. Da er ein erfahrener Jäger war, waren ihm vermutlich die rechtlichen Bestimmungen bekannt und er hätte, in Kenntnis der vorhandenen Jagdgrenze, zumindest in persona, also im Gegensatz zu seinem Hund, dort gestoppt.

Dennoch könnte er hier mit bedingtem Vorsatz gehandelt haben, nämlich dann, wenn er es wegen der doch schon beträchtlichen Entfernung vom Anschussort immerhin für möglich halten konnte, dass hier die Reviergrenze überschritten worden war. Auch könnte man daran denken, dass ihn eben mit Rücksicht auf die grundsätzliche Kenntnis des Vorranges des Jagdrechts vor dem Tierschutzrecht im Zusammenhang mit der Durchführung einer Nachsuche eine besondere Pflicht trifft, sich beim Jagdherrn über mögliche Reviergrenzen aus eigenem Antrieb zu erkundigen.

Dies bleibt letztlich der Aufklärungsmöglichkeit und dem Beurteilungsspielraum des Gerichtes überlassen, hierzu Feststellungen zu treffen.

Der hilfreiche Jagdfreund hat somit mit hoher Wahrscheinlichkeit eine Bestrafung wegen Wilderei verwirkt. Er hat darüber hinaus zivilrechtlich eine sogenannte *unerlaubte Handlung* begangen.

Das Ergebnis erscheint unbefriedigend?

Zunächst ist festzustellen, dass im Bereich des Jagdrechts (!) dem Tierschutzgedanken offensichtlich nicht der Vorrang vor dem Schutz des Jagdrechtes eingeräumt wird. Dies geht sogar so weit, dass in einer Vielzahl der landesrechtlichen Bestimmungen sogar ausdrücklich geregelt ist, dass ein nicht aufgrund Jagdausübung leidendes Stück Wild, welches ein Jagdausübungsberechtigter von seinem Revier (!) aus im Nachbarrevier beobachtet, nicht von diesem gestreckt werden darf.

Beachte: Hätte er das Stück krankgeschossen, dürfte er dem in Sichtweite im Wundbett sitzenden Stück den Fangschuss geben!

Dies beweist, wie eng der Gesetzgeber das Jagdrecht historisch eben mit Grund und Boden verbunden hat. Es beweist aber auch, dass gewisse neuere gesetzliche Bestimmungen, wie zum Beispiel § 22a BJG und seine landesrechtlichen Ausgestaltungen, teilweise nicht in ihren komplexen Wirkungen vom Gesetzgeber erkannt und beachtet werden. Andererseits soll nicht unbeachtet bleiben, dass gerade zurzeit jagdgesetzliche Änderungen in vielen Bundesländern im Gange sind, die eventuell auch hier Neuregelungen beinhalten könnten (vgl. §§ 34, 35 LJG-Rhld-Pf).

Auch wenn der herrschende Zeitgeist im Augenblick dagegen spricht, mag darüber hinaus doch die Hoffnung nicht vollständig aufgegeben werden, dass das geltende Recht nicht von Computern, sondern von Menschen angewendet wird. Dies mag in der Zukunft wieder dazu führen, dass unter Beachtung aller Umstände des Einzellfalls dem Tierschutzgedanken vor dem Jagdrecht der Vorrang eingeräumt wird.

Dies geschieht in der Praxis in der überwiegenden Zahl der Fälle schon dadurch, dass verständige Jagdnachbarn der Staatsanwaltschaft von einem entsprechenden Vorgang keine Kenntnis geben; im konkreten Fall vielmehr selbst froh sind, dass das kranke Stück erlöst wurde.

Anders mag es sich verhalten, wenn es auch *angeeignet* wurde. Und gerade hier, in der Aneignungsabsicht liegt ein juristisches Mittel der Auslegung, welches selbst den Gerichten helfen könnte, eine „mildere" Beurteilung begründen zu können.

Dies kann so weit gehen, dass beispielsweise ein nichtjagender Autofahrer im Falle der Tötung eines von ihm angefahrenen Stückes Wild, je nach dessen Verletzungsgrad, keine Wilderei begeht, weil er hinsichtlich der Tötung im Sinne des Tierschutzes handelte, darüber hinaus aber wegen fehlender Zueignungsabsicht der sog. *Schutzzweck der Norm* nicht berührt wurde (vgl. DREHER/TRÖNDLE, Strafrecht, §292 Anm. 5 mit weiteren Nachweisen). Allerdings riskiert dieser Autofahrer, im Gegensatz zu einem, der einen Jagdschein besessen hätte, aber eine Bestrafung wegen Verstoßes gegen §4 Abs. 1 Satz 3 TSchG, da prima face davon auszugehen wäre, dass ihm die zur Tötung eines Wirbeltieres erforderlichen Fähigkeiten und Kenntnisse fehlten. – So komplex ist das Gesetz!!!

Exkurs: §34 Abs. 4 LJG-Rhld-Pf ist als geradezu *„modern"* anzusehen und soll daher an dieser Stelle zitiert werden:

„Wird krankes oder verletztes Wild aufgefunden und ist zu besorgen, dass dieses nicht gesund gepflegt werden kann, so ist die auffindende Person berechtigt, dieses Tier vor Ort fachgerecht zu töten oder töten zu lassen. Töten darf ein Tier nur, wer im Besitz eines auf ihn lautenden gültigen Jagdscheines ist oder über eine beruflich erworbene Fachkenntnis zum tierschutzgerechten Töten von Tieren verfügt."

Dies bedeutet zwar einerseits, dass hier nun unabhängig von seiner „Zuständigkeit" jeder Jäger am Straßenrand *selbstständig* einen Fang geben darf. Es kann aber auch bedeuten, dass ein Autofahrer, der ein vermeintlich krankes Tier sieht, im nächsten Ort einen Metzger verständigt, der ein lediglich nach Hundehetze vorübergehend apathisches Wild tierschutzgerecht tötet, obwohl keine schwere Erkrankung vorliegt. Ein anderer Passant kann ein Reh mit Laufschuss in seinen Wagen packen und wegen vermeintlicher Rettbarkeit zum Tierarzt nach irgendwo verbringen. Die Nachsuche des Jagdausübungsberechtigten endet dann an der Straße.

Inwieweit also diese Regelung insgesamt gesehen, wie es der LJV-Rhld-Pf ausgedrückt hat: *begrüßenswert* ist (vgl. Jagd+Jäger in RLP 10/2010, S.4) sei im Rahmen dieses Beitrages einmal dahingestellt.

Beachtlich ist jedenfalls, dass praktisch im rheinland-pfälzischen Jagdgesetz ausdrücklich geregelt wurde, was bislang schon, wie dargestellt, über die Anwendung anderer

Gesetze möglich, aber gleichwohl einer rechtlichen Beurteilungsunsicherheit ausgesetzt war. Gleiches gilt für die dort in §34 Abs. 5 geregelte Polizeiverfügung (übrigens mit Aufwandsersatzanspruch für den beigezogenen Töter!).

Als Zwischenergebnis bleibt für unsere erste Fallalternative also festzuhalten, dass der Jagdfreund zwar tatbestandlich widerrechtlich und schuldhaft gehandelt hat, mit etwas Glück aber straflos bleiben würde und wohl auch zivilrechtlich im Ergebnis keine Weiterungen zu fürchten hätte (vgl. zu ähnlicher Problematik auch Kurzbeitrag von STREITBERGER, DJZ 05/93, S. 10).

2. Alternative

Der Hund des Jagdfreundes war ein jagdlich genutzter „Spitz-Pudel-Dax".

Hinsichtlich der Wilderei und der zivilrechtlichen Schadensersatz- und Unterlassungsansprüche, siehe oben.

Einige Landesrechte sehen vor, dass zur Anpachtung eines Jagdbezirkes das Vorhandensein oder mindestens die Rückgriffsmöglichkeit auf einen brauchbaren Jagdhund gegeben und nachgewiesen sein muss. Hierbei gilt beispielsweise nach rhld.-pf. Recht ein Hund nicht deshalb als jagdlich brauchbar, weil er einer Jagdhundrasse angehört, sondern er muss eine im Gesetz vorgesehene Brauchbarkeitsprüfung oder einen vergleichbaren Befähigungsnachweis abgelegt bzw. erbracht haben. – In typisch deutscher Manier kommt es also weniger auf die tatsächlichen Fähigkeiten des Hundes an als auf das Vorhandensein eines entsprechenden Stempels.

Hinsichtlich der Bestimmungen über die Nachsuche wird eine entsprechende Einschränkung nicht gemacht. Das BJG erwähnt im Zusammenhang mit der Wildfolge den Hundeeinsatz nicht. Die einschlägigen Bestimmungen beschäftigen sich mit der Verständigung des Jagdausübungsberechtigten, dem Eigentum an Wildbret und Trophäe etc., nicht aber mit den entsprechenden Hilfsmitteln. Insoweit ist dem Gesetzeskommentator wohl zuzustimmen, wenn er auch im juristischen Sinne die Nachsuche als „das gezielte Verfolgen kranken oder angeschossenen Wildes, ***in der Regel*** mittels eines brauchbaren Jagdhundes oder sog. Schweißhundes“ (Schuck in: Schuck BJG, § 22a, Rdz. 9; Hervorhebung durch Verf.) definiert.

Also ist für die Frage der ordnungsgemäßen Pflichterfüllung einer tierschutzgerechten und dem Jagdrecht entsprechenden Nachsuche insbesondere die Rassezugehörigkeit und Geprüftheit des verwendeten Hundes zunächst einmal unerheblich.

3. Alternative

Der benutzte Hund fällt die Fährte trotz eindeutig erscheinender Pirschzeiten nur eine kurze Strecke an, faselt und setzt die weitere Suche nicht fort.

Einschränkungen zu dem Vorstehenden ergeben sich aber aus dem für die Jagdausübung erforderlichen und alles überschattenden *Grundsatz der* (deutschen) *Weidgerechtigkeit*. Nach Auffassung des Verfassers würde diese, neben dem nach wie vor geltenden Tierschutzgedanken aus §§17 TSchG und 22a BJG es zwingend gebieten, dass für den Fall, dass ein Hund, gleich welcher Rasse er angehört oder welche Prüfung er hat oder nicht hat, sich als vermutlich (!) ungeeignet herausstellt, oder mit Nachsuchenarbeit noch nie beschäftigt war, also in jeder Hinsicht ungearbeitet und -geübt ist, die Kriterien einer ordnungsgemäß durchgeführten (– *fachgerechten –*) Nachsuche in keinem Fall erfüllen kann.

Solchenfalls muss dann der Nachsuchenspezialist herangezogen werden, der in Form der Benachrichtigung einer entsprechenden Schweißhundstation oder auch eine Kategorie niedriger angesetzt, eines im Hegering bekannten guten Nachsuchengespannes, herbeizuholen sein wird, um die Nachsuche damit in „professionellere" Hände zu legen. Wird dies unterlassen, ist der tierschutzrechtliche Straftatbestand des §17 TSchG wohl verwirkt (vgl. auch ggf. Strafbarkeit nach Landesjagdgesetzen, so bsplw.: OwiG-Strafbarkeit in Rhld-Pf, gemäß §§34 II, 48 II Ziff. 12).

4. Alternative

Trotz Einsatzes eines versierten Hundes kommt das Stück nicht zur Strecke.

Die Grenzen der zumutbaren Tätigkeiten einer Nachsuche und damit der Verpflichtung, einem Tier Leiden zu ersparen, sind nicht mathematisch klar gesteckt. Sie liegen in den den jeweils damit befassten Menschen und Tieren innewohnenden individuellen Fähigkeiten und der Zumutbarkeit des Einsatzes weiterer Hilfsmittel. Hierbei dürfte auch ein gewisser Verhältnismäßigkeitsgrundsatz nicht unbeachtet bleiben.

So sind dem Verfasser zum Beispiel keinerlei rechtliche oder gesetzgeberische Bedenken bekannt, die sich gegen den von der Kfz-Versicherungsbranche aufgebrachten und von den Gerichten voll übernommenen Grundsatz gewendet hätten, dass im Falle einer drohenden Kollision mit kleinerem bis mittlerem Wild im Interesse der Minimierung der Unfallauswirkungen kein Ausweichmanöver versucht, sondern praktisch voll drauf gehalten werden soll. – Ähnlich muss man es auch hier sehen.

Wenn die Beteiligten nach ihren Fähigkeiten alles im Rahmen der weidgerechten Jagdausübung Mögliche getan haben, das kranke Stück zur Strecke zu bringen, so kann die Nachsuche als fachgerecht durchgeführt bewertet und abgebrochen werden.

Dass hier individuell unterschiedliche Graduierungen in den Fähigkeiten der beteiligten Hunde und Menschen je nach Örtlichkeit, Jahres- und auch Tageszeit sowie Witterungseinflüssen zu unterschiedlichen Ergebnissen führen werden, muss billigend in Kauf genommen werden.

5. Alternative

Der Hundeführer ist ein „Anerkannter Schweißhundführer“ und das Revier liegt beispielsweise in Rheinland-Pfalz.

§35 Abs. 4 LJG Rhld-Pf bestimmt: *Anerkannte Führerinnen und Führer von Schweißhunden dürfen bei einer Nachsuche von Schalenwild Jagdbezirksgrenzen ohne Zustimmung der jagdausübungsberechtigten Person, in deren Jagdbezirk das krankgeschossene, schwer kranke oder schwer verletzte Schalenwild einwechselt, unter Mitführung einer Schusswaffe überschreiten.*

Ein von der Oberen Jagdbehörde mit entsprechendem Anerkenntnis und Ausweis versehener Hundeführer, praktisch also ein solches Nachsuchengespann, ist nach dieser Vorschrift berechtigt, auch ohne Zustimmung, also weder mit Einwilligung noch Genehmigung des Jagdherrn bewaffnet die Reviergrenze zu überschreiten. Ein *Schweißhund* in dem Zusammenhang ist rasseunabhängig ein Hund, der die entsprechende Befähigung (z.B.: Verbandsschweißprüfung), Krankfährten zu arbeiten, erworben hat.

Erfreulicherweise hat dieses über Jahre hinweg einzigartige Gesetz zwischenzeitlich in einer Reihe von Bundesländern Nachahmung erfahren.

Allerdings regelt es beispielsweise nur ausdrücklich die Befugnis eine Schusswaffe mit über die Grenze zu nehmen. Von der Befugnis diese auch benutzen zu dürfen steht in der Vorschrift nichts. Diese Überlegung ist durchaus nicht nur akademisch, wenn man berücksichtigt, dass einige Landesgesetzgeber den Zustand der Waffe im Bezug auf die jeweilige Nachsuchensituation und den damit verbundenen Grenzübertritt durchaus detailliert geregelt haben. – Es wird allerdings nicht verwundern, wenn bislang diese Regelungslücke in der Praxis nicht problematisiert wurde! Aber dennoch muss die Frage erlaubt sein: Warum konnte der Gesetzgeber nicht ausdrücklich den Fangschuss durch den anerkannten Schweißhundführer festlegen, anstatt im juristischen Zweifelsfall wieder die Krücke über den Tierschutzgedanken bemühen zu müssen (so ist beispielsweise selbst nach Novellierung des gesamten Gesetzeswerkes in Rheinland-Pfalz hier nichts ergänzt worden; stattdessen war es aber wohl wichtiger zu bestimmen, dass ein Jäger ordnungswidrig, also bestrafbar, handelt, wenn er den festgesetzten Mindestabschussplan nicht erfüllt; vgl. §48 Abs. 2 Ziff. 8 LJG-Rhld-Pf).

***

Im Ergebnis unserer Betrachtung der Nachsuche *durch die juristische Brille* bleibt also festzustellen, dass der Jäger im Falle einer Nachsuche, insbesondere beim Grenzübertritt in einen fremden Jagdbezirk, nach den geltenden gesetzlichen Vorschriften in seiner Bewegungsfreiheit im Wesentlichen eingeschränkt ist.

Wenn auch der tierschutzrechtliche Gedanke einer schnellen Tötung – oder Rettung – eines dem Jagdrecht unterliegenden Wirbeltieres moralisch und ethisch in unseren Köpfen so verankert ist, dass wir *gefühlsmäßig* eine eventuelle Überschreitung jagdrechtlicher Befugnisse eher als gerechtfertigt empfinden, so spricht das abstrakte Gesetz hier in der Regel noch eine andere Sprache, und gerade die Möglichkeit, je nach Ideologie sich in der föderalen Vielfalt kommender Novellen gesetzgeberisch „austoben" zu können, lässt einen Ausblick auf mögliche kommende Gesetzesformulierungen in jedwede Richtung vollkommen spekulativ sein, so dass permanentes Überprüfen der gerade am Jagdort geltenden Bestimmungen zur Nachsuche **unbedingt** zwingend ist.

Nach Ansicht des Verfassers sollte aber zum einen aus Gründen des besonderen Schutzes des Jagdrechts mit seinem Bezug zu Grund und Boden diesem weiterhin der Vorrang vor dem Tierschutzrecht eingeräumt werden. Der Eingriff durch Polizeiverfügung reicht vollkommen aus, die Qualen eines leidenden Tieres auch ohne Vorhandensein des Jagdausübungsberechtigten zu beenden. Hier wird auch der waffenrechtliche Aspekt unproblematisch sein, denn das Handeln auf Anweisung der Obrigkeit wird in den seltensten Fällen durch dieselbe Obrigkeit konterkariert.

Eine Autorisation an jedermann, wie es Rheinland-Pfalz nun, nach Ansicht des Landesjagverbandes *begrüßenswert,* vorsieht, ist ebenso unnötig wie überflüssig. Denn eindeutige praktische Gründe sprechen für die derzeit wohl noch überwiegend weiterhin geltende restriktive Regelung dieses besonderen Bereiches des Tierschutzrechts, nämlich, um es etwas salopp auszudrücken, damit im Namen des Tierschutzes *nicht wild herumgetötet* wird.

Es sollte eben nicht jeder Bürger das Gefühl haben und möglicherweise auch die in den weitaus meisten Fällen unangenehme und überfordernde Verpflichtung auferlegt bekommen, über Leben und Tod zu entscheiden.

Ein Beipiel für die fehlende Notwendigkeit der Zuständigkeit von „jedermann" wird auch dadurch deutlich, dass selbst im eigenen Jagdbezirk der Jagdausübungsberechtigte nicht krankgeschossenes, sondern ansonsten sichtlich kümmerndes Wild außerhalb der Jagdzeiten erst nach Benachrichtigung und Erlaubnis durch die Untere Jagdbehörde töten darf, wovon nur Ausnahmen zugelassen sind, über deren Vorliegen wieder der Jäger vor Ort, in der Situation zu entscheiden hat. Dass von dieser Entscheidung durchaus die mögliche Einziehung des Jagdscheines abhängig sein kann, dürfte dabei in der konkreten Aktion dem Handelnden in den seltensten Fällen bewusst sein.

Der grundsätzliche Vorrang des Jagdrechtsschutzes vor dem Tierschutz erscheint darüber hinaus auch auf die Praxis bezogen weniger tragisch, als es auf den ersten Blick den Anschein haben mag. – Resümierend ist nämlich zu bedenken, dass ganz überwiegend die landesrechtlichen Bestimmungen den Fangschuss über die Reviergrenze ausdrücklich vorsehen. Eine Nachbarverständigung kommt also nur infrage, wenn das Stück nach dem Schuss im angrenzenden Jagdbezirk nicht mehr zu sehen ist. Dann muss ohnehin in aller Regel ein gewisser Zeitraum bis zum Nachsuchenbeginn verstreichen und es ist ausreichend Gelegenheit, dem Gesetz Genüge zu tun.

Kommt es zur Grenzüberschreitung im Verlauf einer bereits andauernden Nachsuche, zeichnet sich ebenfalls häufig dieselbe so frühzeitig ab, dass zumindest der Versuch einer Verständigung zumutbar erscheint.

Kommt es erst durch die Hetze zu einer unabsehbaren Grenzüberschreitung, müssen die oben angeführten Beurteilungskriterien herangeführt werden.

Es kann kaum die unter Weidgenossen übliche Verhaltensweise sein, dass – wie bedauerlicherweise schon geschehen – der Reviernachbar den Verstoß praktisch stillschweigend geduldet und beobachtet hat, um dann erfolgreich eine Wildereianzeige zu erstatten. Insofern haben es also im Wesentlichen nur wir Weidgenossen selbst in der Hand, ob Menschen, deren Hilfe das Wild und häufig genug wir selbst gerne und dringend in Anspruch nehmen, im Zweifelsfalle kriminalisiert werden. Wir haben es hier ausnahmsweise vorrangig nicht mit schlechten oder unzureichenden Gesetzen zu tun, sondern nur mit unserer eigenen, menschlichen gegenseitigen Rücksichtnahme. Der grundsätzliche Schutz des Jagdrechts wird durch andere Maßnahmen, wie z.Z. beispielsweise auf dem Gebiet des Bundesnaturschutzrechts oder durch die möglichen Auswirkungen der Föderalismusreform, schon genügend angegriffen und letztlich vermutlich weiter eingeschränkt.

Es bedarf daher keiner Initiativen, aus welchen hehren Gesichtspunkten auch immer, an diesem Recht zu rütteln.

RA Dr. Peter Lamp

im November 2002
und im Februar 2011

Schlusswort

Die Zahl der Bücher, die sich mit der Nachsuche und der Arbeit der Jagdhunde auf den Wundfährten kranken Schalenwildes befassen, ist im Bereich der deutschsprachigen Jagdkultur sehr groß. Dies beweist, dass das Verantwortungsbewusstsein gegenüber den uns anvertrauten Wildtieren bei dem überwiegenden Teil der Jägerei immer noch ausgeprägt vorhanden ist. Denn diese vielen Bücher werden ja auch gelesen und das Gelesene – so hoffe ich jedenfalls – in die Jagdpraxis umgesetzt.

Dafür spricht auch, dass die nachgewiesenermaßen erfolgreichen Nachsuchenführer in ihren mehr oder weniger großen Einsatzbereichen fast überall sehr bekannt sind und bei Bedarf auch tatsächlich gerufen werden. Die Zahl der dem Verein Hirschmann alljährlich gemeldeten, von Hannoverschen Schweißhunden erfolgreich durchgeführten Nachsuchen hat sich seit dem Erscheinen der Erstauflage dieses Buches mehr als verdoppelt. Das liegt zum einen an den in den letzten acht Jahren bundesweit explodierten Schwarzwildpopulationen und der Zunahme der Bewegungsjagden, aber gewiss – oder hoffentlich – auch daran, dass das Verantwortungsbewusstsein der Jäger gegenüber dem Wild – zumindest in diesem Zeitraum – sich nicht negativ entwickelt hat.

Es ist den meisten Jägern eben – Gott sei Dank – nicht egal, ob das nach dem Schuss weg geflüchtete Wild eine schwere oder eine leichte Schussverletzung hat und ob es ein guter Schweißhundführer mit seinem Hund zur Strecke bringen kann oder nicht. Und solange wir noch jagen, wird es trotz moderner Geschosskonstruktionen und bester Optik auf dem Gewehr passieren, dass die Kugel eben nicht dort sitzt, wo sie der Jäger hinhaben wollte. Und dann entscheidet sich, wes Geistes Kind der Jäger ist, dem ein solches Missgeschick passiert.

Wer zunächst überlegt, ob der Betrag, den er dem Schweißhundführer als Kilometerentschädigung zahlen muss, vielleicht größer ist als der zu erwartende Wildbreterlös des nachzusuchenden Wildes - wenn es denn zur Strecke kommt –, der liefert damit Munition an die Gruppe der Tierschützer, die die Jagd abgeschafft sehen wollen. Und das völlig zu Recht.

Ich spreche an dieser Stelle über eine Minderheit unter uns Jägern – und diese werden das vorliegende Büchlein sowieso nicht lesen. Die Tatsache, dass ein so spezielles Nachsuchenbuch eine zweite Auflage erlebt, spricht **für** die große Mehrheit der Jäger, die anders denken und handeln.

Kinderbeuern, im Sommer 2011

BERND KREWER

Ho Rüd Ho und Weidmannsheil! (Foto: Erich Marek).

HR PARTNER FÜR DIE MODERNE JAGD!
Fährtenschuh CLASSIC
Fährtenschweiß
SEHR ERGIEBIG!
Wildtierdummy
Wir bieten Ihnen z.B.:
• PetzPlus-Hundetransportboxen
• Ortungssysteme
• Zahlreiche Eigenentwicklungen wie:
• WAIDWERK-Apportierbock
• WAIDWERK-Fährtenschuh
• WAIDWERK-Wasserdummy
• WAIDWERK-Fährtenschweiß
• WAIDWERK-Wildtierdummies
• Und vieles mehr!
Apportierbock
Fordern Sie kostenlos unseren aktuellen Katalog an!
WAIDWERK
DER JAGDHELFER
Am Schneckenhof 9 • 74626 Bretzfeld - Geddelsbach
Tel (0 79 45) 94 10 100 • Fax (0 79 45) 94 10 200
www.waidwerk.de

NEUMANN-NEUDAMM

Hirschruf und Hundegeläut

Dieses dritte belletristische Jagdbuch von Bernd Krewer erschien im Jahre 2001 und war schnell vergriffen. Wegen der großen Nachfrage bringt der Verlag Neumann-Neudamm jetzt das Buch Hirschruf und Hundegeläut in einer erweiterten Neuauflage wieder heraus. Neben den wunderschönen Zeichnungen des DJV-Kulturpreisträgers Dr. Jörg Mangold ist diese Neuauflage mit zahlreichen Fotos illustriert. Zu den unverändert gebliebenen Kapiteln der Erstauflage sind neue Jagderlebnisse aus den Jahren 2001 bis 2004 in Deutschland, Spanien und Kanada hinzugekommen. Das Werben für eine tierschutz- und wildartgerechte Bejagung unseres Schalenwildes und damit für den Forstbestand unserer Jagd ist das wichtigste Anliegen des Autors. Auch für die Jagd im Ausland auf Wildarten, die durch die Jagd nicht in ihrem Bestand gefährdet sind oder werden, bricht der Autor (s)eine Lanze. Hirschruf und Hundegeläut ist ein Jagdbuch, das Jagdliche Erfahrungen und Jagdliche Erlebnisse miteinander verbindet.

Hardcover, 224 Seiten, zahlr. Abbildungen, Format 13,2 x 21 cm
ISBN 978-3-7888-1042-9

Leben für Wald und Wild

Seine ganz besondere Liebe galt sein halbes Leben lang dem Rotwild und dem Hannoverschen Schweißhund und beide sind in gewisser Weise die Hauptdarsteller dieses Buches. Und da sind die in diesem Buch mit verwendeten Jagdtagebuch-Aufzeichnungen seines Schwiegervaters, des Forstamtsrates Alfred Budenz, vielleicht der „Hirschvater" des Trierer Hochwaldes in den ersten dreißig Jahren nach Kriegsende. Sie beschreiben, wie schwer es ist und wie lange es dauert, ein Rotwildrevier aufzubauen und dass auch damals, in der „guten, alten Zeit", nicht jede Hirschbrunft auch in „dicken" Rotwildrevieren für Jäger stets und immer erfolgreich im Sinne von „Strecke" verlief.

Hardcover, 240 Seiten, zahlr. Abbildungen, Format 13,2 x 21 cm
ISBN 978-3-7888-1248-5

Verlag J. Neumann-Neudamm AG
Schwalbenweg 1
34212 Melsungen

Tel.: 0800 – 228 41 71
info@neumann-neudamm.de
www.neumann-neudamm.de